① ひょうと グラフ

JN078033

[ひょうから グラフを つくります。]

❶ 下の ひょうを 見て 答えましょう。　　📖教上10　14～15ページ 1、2

すきな きゅう食	カレー	ラーメン	ハンバーグ	とんかつ	やきそば	うどん
人数(人)	4	5	6	5	3	2

① 〇を つかって、下の グラフに かきましょう。

60点(きゅう食1つ10)

〇					
〇					
〇					
〇					
カレー	ラーメン	ハンバーグ	とんかつ	やきそば	うどん

1人を
〇 1つで
あらわします。

② いちばん 多くの 人が すきな きゅう食は どれですか。 10点

(　　　　　　　)

③ すきな 人が いちばん 少ない きゅう食は どれですか。 10点

(　　　　　　　)

④ すきな 人の 人数が 同じ きゅう食は どれですか。

20点(りょうほう できて 20)

(　　　　　　　)

(　　　　　　　)

きほんの
ドリル
→2。

② たし算と ひき算
１ たし算　　　　　　　　　……(1)

時間 15分	合かく 80点	/100

サクッと
こたえ
あわせ

答え 81 ページ

月　　日

[16+4=10+(6+4)=10+10=20 と 考えます。]

❶ とりが 16わ います。4わ とんで 来ると 何わに
なりますか。 📖教上19ページ❶　　　　10点(しき5・答え5)

しき （ 16+4=20 ）

答え （ 20わ ）

6と 4で 10に なって、
10の たばが 1つ
ふえるね。

❷ 27に 3を たすと いくつに なりますか。 📖教上19ページ❷

10点(しき5・答え5)

しき （　　　　　　　　　） 　　答え （　　　　）

❸ つぎの 計算を しましょう。 📖教上19ページ❸、❹　40点(1つ5)

① 15+5=☐　　　　② 11+9=☐

③ 13+7=☐　　　　④ 34+6=☐

⑤ 42+8=☐　　　　⑥ 59+1=☐

⑦ 66+4=☐　　　　⑧ 76+4=☐

❹ つぎの 数に いくつ たすと 30に なりますか。 📖教上19ページ❺

40点(1つ10)

① 23+☐=30　　　　② 21+☐=30

③ 25+☐=30　　　　④ 28+☐=30

教科書 📖 上18〜19ページ

② **たし算と ひき算**
1 **たし算** ……(2)

時間 **15分**
合かく **80点** ／100
月　　日

サクッと
こたえ
あわせ
答え **81**ページ

[19+3は 3を 1と 2に 分けて、19+1=20、20+2=22と 考えます。]

1 チューリップが 19本 さいて います。あと 3本 さくと 何本になりますか。 📖教上20ページ**6**

20点(しき10・答え10)

しき（　　　　　　　　　　）

　　　答え（　　　　　　）

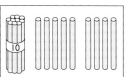

2 □に あてはまる 数を かきましょう。 📖教上21ページ**8**

40点(□1つ5)

①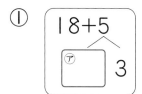
18に ⑦□ を たして 20
20と ⑦□ で ㋓□

②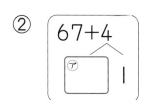
67に ⑦□ を たして 70
70と ⑦□ で ㋓□

3 つぎの 計算を しましょう。 📖教上21ページ**9、10**

40点(1つ5)

① 16+7=□　　② 14+8=□

③ 15+6=□　　④ 27+5=□

⑤ 33+8=□　　⑥ 46+6=□

⑦ 78+4=□　　⑧ 82+9=□

教科書 📖 **上20〜21ページ**

きほんの
ドリル
→ 4。

時間 15分 | 合かく 80点 | /100 | 月 日

サクッと
こたえ
あわせ

答え 81ページ

② **たし算と ひき算**
2 **ひき算** ……(1)

[20−7は 10+(10−7)と 考えます。]

❶ きゅうりが 20本 できました。7本 食べると 何本

のこりますか。 📖教上23ページ❶

10点(しき5・答え5)

しき （ 20−7＝13 ）

答え （ 13本 ）

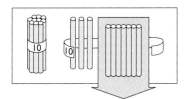

❷ 40から 5を ひくと いくつに なりますか。 📖教上23ページ❷

10点(しき5・答え5)

しき （   ）   答え （   ）

❸ つぎの 計算を しましょう。 📖教上23ページ❸、❹   40点(1つ5)

① 20−4=[ ]   ② 20−8=[ ]

③ 50−2=[ ]   ④ 80−6=[ ]

⑤ 70−9=[ ]   ⑥ 60−5=[ ]

⑦ 40−7=[ ]   ⑧ 90−3=[ ]

❹ つぎの 計算を しましょう。 📖教上23ページ❺   40点(1つ5)

① 30−1=[ ]   ② 30−2=[ ]

③ 30−3=[ ]   ④ 30−4=[ ]

⑤ 30−5=[ ]   ⑥ 30−6=[ ]

⑦ 30−7=[ ]   ⑧ 30−8=[ ]

教科書 📖 上22〜23ページ

② たし算と ひき算
2 ひき算　　　　　　　……(2)

サクッと
こたえ
あわせ
答え 81ページ

[23−5は、23を 20と 3に 分け、20−5=15、15+3=18と 考えます。]

❶ えんぴつが 23本 あります。5本 あげると 何本 のこり

ますか。 教上24ページ❻　　　　　　　10点(しき5・答え5)

しき （　　　　　　　　　　　　　）

答え （ 18本 ）

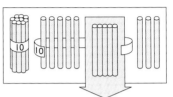

❷ □に あてはまる 数を かきましょう。 教上25ページ❼

50点(□1つ5)

①
22−7
⑦ 20　⑦ イ

⑦□ から 7を ひいて 13
13と エ□ で オ□

②
45−6
⑦ 40　⑦ イ

⑦□ から 6を ひいて 34
34と エ□ で オ□

❸ つぎの 計算を しましょう。 教上25ページ❼、❽

40点(1つ5)

① 27−8=□　　② 28−9=□

③ 54−6=□　　④ 73−4=□

⑤ 61−2=□　　⑥ 32−5=□

⑦ 85−7=□　　⑧ 96−8=□

①は
27を 20と
7に 分けるんだ。

③ 時こくと　時間　　……(1)

[みじかい　はりは　何時、長い　はりは　何分を　あらわします。]

1 下の　時計を　見て、□に　あてはまる　数を　かきましょう。

教 上28ページ**1**　　40点(□1つ10)

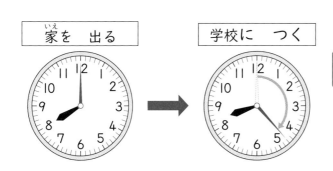

家を　出る　　　　学校に　つく

家を　出る　時こくは
□時です。
学校に　ついた　時こく
は □時 □分です。
家を　出てから　学校に
つくまでの　時間は
□分です。

2 図書かんに　ついてから　図書かんを　出るまでの　時間は
何時間何分ですか。　　教 上29ページ**3**　　　　　30点

図書かんに　つく　　　　図書かんを　出る

（　　　　　　　　）

3 いま　2時35分です。つぎの　時こくは　何時何分ですか。

教 上29ページ**4**　　30点(1つ10)

① 1時間あと　　　（　　　　　　　　）

② 1時間前　　　　（　　　　　　　　）

③ 30分前　　　　（　　　　　　　　）

教科書 上27〜29ページ

時間 15分 | 合かく 80点 | /100 | 月 日

サクッと
こたえ
あわせ

答え 82 ページ

③ 時こくと 時間
午前と 午後

......(2)

[正午より 前が 午前、あとが 午後に なります。]

1 下の 絵を 見て、□に あてはまる 数や ことばを
かきましょう。 教上30ページ**1**

60点(□1つ10)

おきる

ねる

0 1 2 3 4 5 6 7 8 9 10 11 12 1 2 3 4 5 6 7 8 9 10 11 12

0

午前 ——— 正午 ——— 午後

① 午前は □時間、午後は □時間です。

② 1日は □時間です。

正午より 前が
午前で、あとが
午後だよ。

③ おきる 時こくは、午前□時 30 分です。

④ ねる 時こくは □ 9 時 30 分です。

⑤ おきてから ねるまでの 時間は □時間です。

⚠ミスにちゅうい!
2 つぎの 時間は どれだけですか。 教上31ページ**2**

40点(1つ20)

① 午前 7 時から 午後 1 時まで （　　　　　）

② 午前 9 時 30 分から 午後 4 時 30 分まで

（　　　　　）

きほんの ドリル 8

④ 長さ
センチメートル

時間 15分　合かく 80点　／100

答え 82ページ

[センチメートルの　ものさしを　つかって、長さを　はかります。]

❶ □に　あてはまる　数や　ことばを　かきましょう。　教上35ページ❶

20点(1つ10)

① 1cmは 1 センチメートル と よみます。

② 1cmの 6つ分の 長さは □ cm です。

❷ 長さは 何cm ですか。 教上36ページ❹

80点(1つ20)

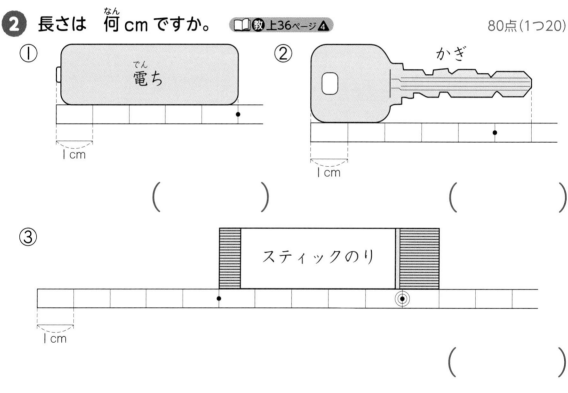

① 電ち （　　）

② かぎ （　　）

③ スティックのり （　　）

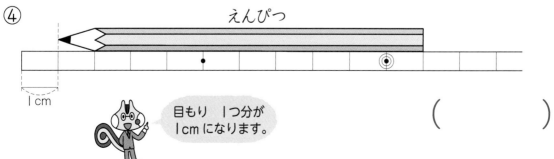

④ えんぴつ （　　）

目もり 1つ分が 1cmになります。

教科書 上34〜36ページ

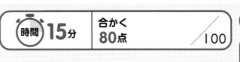

サクッと
こたえ
あわせ
答え 82ページ

時間 15分 ｜ 合かく 80点 ／100 ｜ 月　日

④ 長さ
ミリメートル

[1cm を 10こに 分けた 1つ分が 1mm です。]

1 □に あてはまる 数を かきましょう。　教上38ページ**1**

16点(1つ8)

① 1cm は □ mm です。

② 下の 線の 長さは □ cm □ mm です。

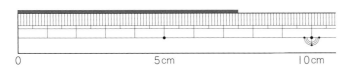

2 □に あてはまる 数や ことばを かきましょう。　教上40ページ**4**

30点(1つ10)

① まっすぐな 線を □ と いいます。

② 4cm= □ mm

③ 6cm3mm= □ mm

3 下の 直線の 長さは 何cm何mm ですか。また、何mm と
いえますか。　教上40ページ**5**

54点(1つ9)

①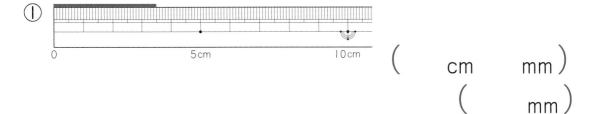

（　cm　　mm）
（　　mm）

②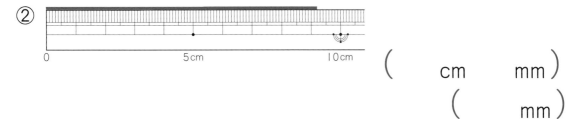

（　cm　　mm）
（　　mm）

教科書 上38〜40ページ

きほんの
ドリル
10.

時間 15分 | 合かく 80点 | /100

月　日

サクッと
こたえ
あわせ

答え 82ページ

④ 長さ
長さは　どれくらい／直線の　かき方

[10cmが　どれくらいの　長さか　わかる　ように　します。]

1 つぎの　テープに　10cmの　長さの　ところに　| を
かきましょう。　📖教上41ページ❶　　　　　　　　　　10点

2 つぎの　長さの　直線を　かきましょう。　📖教上42ページ❷　10点(1つ5)

① 5cm

② 10cm5mm

3 つぎの　テープや　線の　長さを　ものさしを　つかって
はかりましょう。10cmの　長さに　いちばん　近いのは　㋐〜㋒の
どれですか。　📖教上43ページ❸　　　　　　　　　80点(1つ10)

① ㋐

（　　cm　　mm）

㋑

（　　cm　　mm）

㋒

（　　cm　　mm）

（　　）が　10cmの　長さに　いちばん　近い。

② ㋐

（　　cm　　mm）

㋑

（　　cm）

㋒

（　　cm　　mm）

（　　）が　10cmの　長さに　いちばん　近い。

教科書📖 上41〜43ページ

きほんの
ドリル
11.

時間 15分 | 合かく 80点 | /100

月　日

サクッと
こたえ
あわせ
答え 82ページ

④ **長さ**
長さの 計算

[長さの たし算、ひき算は、同じ たんい どうしを 計算します。]

1 ㋐の 道の 長さと ㋑の 道の 長さを くらべて みましょう。

📖教 上44ページ❶　60点(□1つ10・答え10)

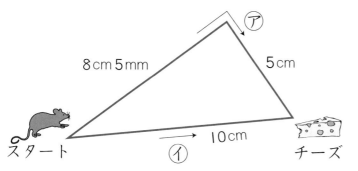

㋐
8cm5mm　5cm
スタート　㋑　10cm　チーズ

同じ たんい
どうしを
たすよ。

① ㋐の 道の 長さは どれだけですか。

しき　8cm5mm+5cm= | 13cm5mm |

答え (　　　　cm　　　mm)

② ㋐の 道と ㋑の 道の ちがいは どれだけですか。

しき | 　　　 | − | 　　 | = | 　　　 |

答え (　　　　　　　　　)

2 つぎの 長さの 計算を しましょう。　📖教 上44ページ❷　40点(1つ10)

① 5cm4mm+3mm= | 　　　 |

② 3cm2mm+8mm= | 　　　 |

③ 7cm8mm−5mm= | 　　　 |

④ 4cm9mm−9mm= | 　　　 |

同じ たんい
どうしを たしたり、
ひいたり するんだね。

時間 **15**分　合かく **80**点　／**100**　　月　日

サクッと
こたえ
あわせ
答え **82**ページ

⑤ **たし算と　ひき算の　ひっ算(1)**
1　たし算　……(1)

[ひっ算では、たてに　くらいを　そろえて　かきます。]

❶ ひっ算を　しましょう。 教上48〜49ページ❶　　20点(1つ10)

十のくらい↓　↑一のくらい

```
   3 3        ①    4 2      ②     1 4
 + 1 5           + 2 0          +   2
   4 8            (6 2)
```

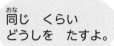
同じ　くらい
どうしを　たすよ。

❷ ひっ算を　しましょう。 教上49ページ❸　　20点(1つ5)

```
①   3 6      ②   2 4      ③   3 8      ④   9 4
  + 1 2        + 1 5        + 2 0        +   5
```

❸ ひっ算を　しましょう。 教上50ページ❹、51ページ❻、❽　　20点(1つ10)

1←くり上げる

```
   3 8        ①    2 3      ②      9
 + 1 3           + 2 7          + 1 6
   5 1
```

十のくらいに　1
くり上げます。
くり上げた　1　を
たすのを　わすれないで
ください。

❹ ひっ算を　しましょう。 教上50ページ❺、51ページ❼、❾　　40点(1つ5)

```
①    1 7      ②   4 6      ③   2 8      ④   4 8
  + 2 5        + 3 9        + 4 4        + 1 9
```

```
⑤    5 6      ⑥   6 1      ⑦   5 8      ⑧     2
  + 1 4        + 2 9        +   3        + 2 9
```

教科書 上47〜51ページ

⑤ たし算と ひき算の ひっ算(1)
１ たし算 ……(2)

時間 15分　合かく 80点　／100

サクッと
こたえ
あわせ
答え 83ページ

[たし算の たしかめは、たされる数と たす数を 入れかえて たします。]

❶ □に あてはまる ことばや 数を かきましょう。
　📖教上52～53ページ❶　20点(□1つ5)

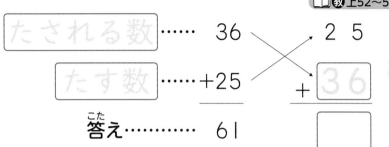

たされる数と
たす数を
入れかえても
答えは 同じだよ。

たされる数 …… 36　　２５
たす数 …… +25　　+ ３６
答え………… 61

❷ つぎの 計算を ひっ算で して たしかめも しましょう。
　📖教上53ページ❷　40点(ひっ算5・たしかめ5)

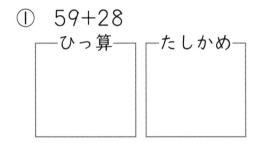

① 59+28
ひっ算　たしかめ

② 8+42
ひっ算　たしかめ

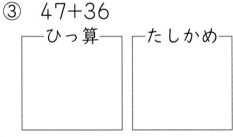

③ 47+36
ひっ算　たしかめ

④ 64+9
ひっ算　たしかめ

❸ １こ 62円の りんご １ことと １本 29円の バナナを
１本 かいました。あわせて 何円に なりますか。計算を
ひっ算で して、たしかめも しましょう。　📖教上52～53ページ❶

40点(ひっ算10・たしかめ10・しき10・答え10)

ひっ算　たしかめ

しき （　　　　　　　　）

答え （　　　　　）

 時間 15分　合かく 80点　/100

月　日

 サクッと こたえ あわせ　答え 83ページ

⑤ たし算と ひき算の ひっ算(1)

2 ひき算　……(1)

[ひき算の ひっ算も、一のくらい、十のくらいの じゅんに 計算します。]

1 ひっ算を しましょう。　教上55ページ**1**　　10点(1つ5)

十のくらい　一のくらい

```
  4 5        6 8     ②    3 9
- 1 3      - 3 5        - 1 4
  3 2        3 3
```
①

たし算と 同じように くらいを そろえて 計算するよ。

2 ひっ算を しましょう。　教上55ページ**▲**　　20点(1つ5)

```
①   5 7    ②   6 3    ③   8 6    ④   5 7
  - 3 5      - 2 3      - 4 3      - 2 7
```

3 ひっ算を しましょう。　教上56ページ**4**、57ページ**6**、**8**　　30点(1つ10)

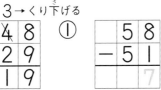

3→くり下げる

```
  4 8        5 8     ②    3 3     ③    5 1
- 2 9      - 5 1        - 2 5        -   4
  1 9          7
```
①

4 ひっ算を しましょう。　教上56ページ**5**、57ページ**▲**、**9**　　40点(1つ5)

```
①   9 4    ②   3 3    ③   7 5    ④   4 0
  - 6 7      - 1 5      - 5 9      - 1 6
```

```
⑤   7 2    ⑥   5 0    ⑦   5 4    ⑧   4 0
  - 6 3      - 4 3      -   6      -   7
```

教科書 上55〜57ページ

⑤ たし算と ひき算の ひっ算(1)
2 ひき算　　　　　　　　　……(2)

[ひき算の たしかめは、答えに ひく数を たして、ひかれる数に なるかを たしかめます。]

❶ □に あてはまる 数を かきましょう。 📖教 上58〜59ページ❶

30点(□1つ10)

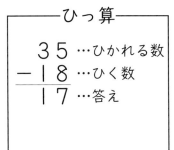

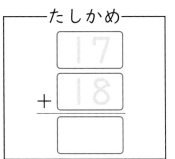

答えに ひく数を
たすと ひかれる数に
なるよ。

❷ つぎの 計算を ひっ算で して、たしかめも しましょう。

📖教 上59ページ❷ 40点(ひっ算5・たしかめ5)

① 67−36

② 71−27

③ 45−8

④ 50−5

❸ おはじきを 26こ もって います。19こ あげると 何こ
のこりますか。ひっ算で して、たしかめも しましょう。

📖教 上58〜59ページ❶ 30点(ひっ算5・たしかめ5・しき10・答え10)

┌ひっ算┐┌たしかめ┐

しき （　　　　　　　　）

答え （　　　　　　）

⑤ たし算と ひき算の ひっ算（1）

時間 **15**分 ｜ 合かく **80**点 ／100

答え **83**ページ

1 ひっ算を しましょう。　　　　　　　　　　　　60点（1つ5）

① 　71
　＋13

② 　34
　＋60

③ 　47
　＋18

④ 　14
　＋36

⑤ 　39
　＋　4

⑥ 　　8
　＋57

⑦ 　98
　－63

⑧ 　76
　－26

⑨ 　60
　－　5

⑩ 　82
　－49

⑪ 　62
　－　7

⑫ 　43
　－39

2 53＋19の 計算を しましょう。　　　20点（ひっ算10・たしかめ10）

① ┌ひっ算┐

② ┌たしかめ┐

3 74－25の 計算を しましょう。　　　20点（ひっ算10・たしかめ10）

① ┌ひっ算┐

② ┌たしかめ┐

教科書 📖 上47〜62ページ

ほうかご　何する？
ふえたのは　いくつ

[ふえた　数が　いくつかを、図を　つかって　考えます。]

❶ はじめに　2年生が　17人　すわって　いました。そこへ
1年生が　来ました。みんなで　29人に　なりました。1年生は
何人　来ましたか。　📖教 上64〜65ページ❶　40点（□1つ10・しき10・答え10）

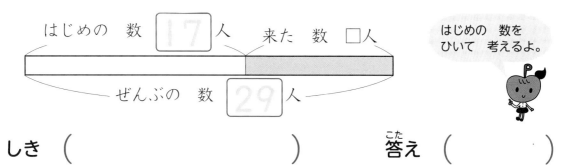

はじめの　数 17 人　　来た　数 □人

はじめの　数を
ひいて　考えるよ。

ぜんぶの　数 29 人

しき　（　　　　　　　　　）　　　答え　（　　　　　　　）

❷ はじめに　金魚が　8ひき　いました。金魚を　もらったので、
ぜんぶで　23びきに　なりました。何びき　もらいましたか。

📖教 上64〜65ページ❶、65ページ❷　40点（□1つ10・しき10・答え10）

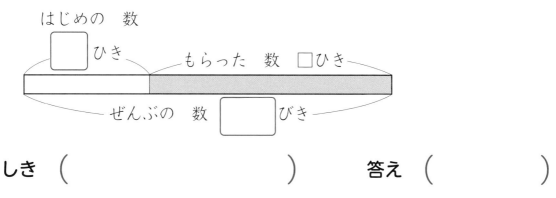

はじめの　数
□ ひき　　もらった　数 □ひき

ぜんぶの　数 □ びき

しき　（　　　　　　　　　）　　　答え　（　　　　　　　）

❸ はじめに　シールを　26まい　もって　いました。お姉さんか
ら　シールを　もらったので、ぜんぶで　34まいに　なりました。
何まい　もらいましたか。　📖教 上65ページ❷　20点（しき10・答え10）

しき　（　　　　　　　　　）　　　答え　（　　　　　　　）

教科書📖 上64〜65ページ

サクッと
こたえ
あわせ

答え 84ページ

ほうかご　何する？
へったのは　いくつ

[へった 数が　いくつかを　図を　つかって　考えます。]

1 はじめに　おかしが　30こ　ありました。子どもたちに
くばりました。のこりは　7こに　なりました。何こ
くばりましたか。　📖教上66〜67ページ**1**　40点(□1つ10・しき10・答え10)

はじめの　数　30こ

のこりの　数
7こ
くばった　数　□こ

はじめの　数から
のこりの　数を　ひくと
いくつ　へったか
わかるよ。

しき（　　　　　　　　）　　答え（　　　　　）

2 はじめに　ビーズが　80こ　ありました。うでかざりに
つかったら、12こ　のこりました。何こ　つかいましたか。

📖教上66〜67ページ**1**、67ページ**2**　40点(□1つ10・しき10・答え10)

はじめの　数　□こ

のこりの　数　つかった　数　□こ

□こ

しき（　　　　　　　　）　　答え（　　　　　）

3 はじめに　紙の　コップが　23こ　ありました。みんなで
つかったら、6こ　のこりました。何こ　つかいましたか。

📖教上67ページ**2**　20点(しき10・答え10)

しき（　　　　　　　　）　　答え（　　　　　）

教科書 📖 上66〜67ページ

ほうかご　何する？
はじめは　いくつ

[はじめに　あった　数が　いくつかを、図を　つかって　考えます。]

❶ 子どもが　あそんで　いました。6人　来たので、40人に
なりました。はじめは　何人　いましたか。　📖教上68ページ❶

40点(□1つ10・しき10・答え10)

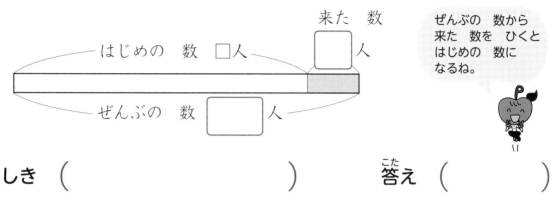

来た　数

はじめの　数　□人　　□人

ぜんぶの　数　□人

ぜんぶの　数から
来た　数を　ひくと
はじめの　数に
なるね。

しき（　　　　　　　　　）　　答え（　　　　　）

❷ おはじきを　もって　いました。妹から　おはじきを　9こ
もらったので、36こに　なりました。はじめは　何こ
ありましたか。　📖教上68ページ❷　　20点(しき10・答え10)

しき（　　　　　　　　　）　　答え（　　　　　）

❸ ケーキが　ありました。その　うち　6こ　食べたので、
のこりは　10こに　なりました。はじめは　何こ　ありましたか。

📖教上69ページ❸　40点(□1つ10・しき10・答え10)

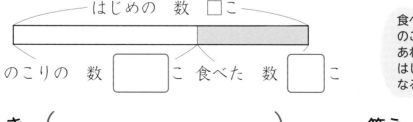

はじめの　数　□こ

のこりの　数　□こ　食べた　数　□こ

食べた　数と
のこりの　数を
あわせると
はじめの　数に
なるんだ。

しき（　　　　　　　　　）　　答え（　　　　　）

時間 15分　｜　合かく 80点　｜　／100

月　日

サクッと
こたえ
あわせ

答え 84ページ

ほうかご　何する？
文と　図と　しき

……（1）

[もんだいを　見て、どんな　しきを　つくれば　よいかを　図を　つかって　考えます。]

よくよんで！

❶ つぎの　もんだい文と　あう　図や　しきを、下の　⑦〜④から
えらんで　かきましょう。答えも　かきましょう。　📖教 上70ページ❶、71ページ❷

100点（①②図10・しき10・答え10、③図15・しき15・答え10）

① 子どもが　35人　いました。19人　帰ると、のこりは
何人に　なりますか。

図（　ウ　）　しき（　オ　）　答え（　　　　）

② 子どもが　35人　いました。何人か　帰ったら、16人
のこりました。何人　帰りましたか。

図（　　　）　しき（　　　）　答え（　　　　）

③ 子どもが　あそんで　いました。19人　帰ったので、
のこりは　16人に　なりました。はじめは　何人　いましたか。

図（　　　）　しき（　　　）　答え（　　　　）

⑦ はじめの　数　□人
のこりの　数　帰った　数
16人　　19人

④ はじめの　数　35人
のこりの　数　帰った　数
16人　　□人

⑦ はじめの　数　35人
のこりの　数　帰った　数
□人　　19人

④ 35−16＝ ▢

⑦ 35−19＝ ▢

⑦ 16＋19＝ ▢

④ 19−16＝ ▢

時間 **15**分 | 合かく **80**点 | /100

月　　日

サクッと
こたえ
あわせ
答え **84** ページ

ほうかご　何する？
文と　図と　しき　……(2)

[もんだい文を　図や　しきに　かいて　考えます。]

1 　赤えんぴつが　13本、青えんぴつが　6本　あります。ぜんぶで
何本　ありますか。　📖教上71ページ③　　　　　　　　　50点

① 　つぎの　図の　□に　あてはまる　ことばや　数を　かきま
しょう。　　　　　　　　　　　　　　　　　30点(□1つ10)

赤えんぴつ 13 本　　　　　青えんぴつ □ 本

ぜんぶ の　数　□本

② 　しきと　答えを　かきましょう。　　　20点(しき10・答え10)

しき　（　　　　　　　　　）

答え　（　　　　）

2 　画用紙を　16まい　もって　います。7まい　つかうと　何まい
のこりますか。　📖教上71ページ③　　　　　　　　　50点

① 　つぎの　図の　□に　あてはまる　ことばや　数を　かきま
しょう。　　　　　　　　　　　　　　　　　30点(□1つ10)

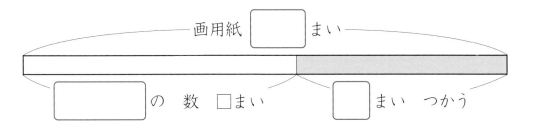

画用紙 □ まい

□ の　数　□まい　　　□ まい　つかう

② 　しきと　答えを　かきましょう。　　　20点(しき10・答え10)

しき　（　　　　　　　　　）

答え　（　　　　）

教科書 📖 上71ページ

⑥ 100を こえる 数（かず）
1 100を こえる 数 ……（1）

[100が 何（なん）こ、10が 何こ、1が 何こ あるかを 考（かんが）えます。]

❶ □に あてはまる 数を かきましょう。　📖教 上75ページ 🅰、🅰、76ページ 5、🅰

40点（□1つ5）

① 418 は、100 を 4 こ、10 を 1 こ、1 を 8 こ あわせた 数です。

② 402 は、100 を □ こ、1 を □ こ あわせた 数です。

③ 357 や 103 は、□ けたの 数です。

④ 201 の 百のくらいは □ 、十のくらいは □ 、一のくらいは 1 です。

❷ 何本 ありますか。数字（すうじ）で かきましょう。　📖教 上75ページ 1、🅰、76ページ 5

30点（1つ10）

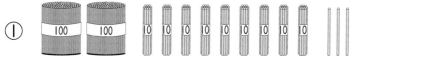

① （　　　　　）

② （　　　　　）　②は、10が ないよ。

③ （　　　　　）　③は、1が ないよ。

❸ 数字で かきましょう。　📖教 上75ページ 1、🅰、76ページ 🅰

30点（1つ5）

① 百五十四 　　② 五百七十五 　　③ 八百二十一
（　　　　） 　　（　　　　） 　　（　　　　）

④ 七百三 　　⑤ 九百 　　⑥ 四百六十
（　　　　） 　　（　　　　） 　　（　　　　）

教科書 📖 上72〜76ページ

⑥　100を　こえる　数
１　100を　こえる　数　　　……(2)

[10が　いくつ　あるかを　もとに、数を　しらべます。10が　10こで　100です。]

❶ 10を　38こ　あつめた　数は　いくつですか。□に
あてはまる　数を　かきましょう。　📖教上77ページ❶　　20点(□1つ10)

10が　30こで　　　300

10が　8こで　　　㋐ 80

─────────────

あわせて　㋑ □

> 10の　30こ分　300と
> 10の　8こ分　80を
> あわせて　10が　38こ分に
> なるよ。

❷ □に　あてはまる　数を　かきましょう。　📖教上77ページ❷、❸、❹
20点(□1つ5)

①　200は　10が　□　こ　②　50は　10が　□　こ

③　250は　10が　□　こ　④　450は　10が　□　こ

❸ 10を　つぎの　数　あつめると　いくつに　なりますか。
📖教上77ページ❶、❹　30点(1つ5)

①　22　（　　　　　）　②　47　（　　　　　）

③　36　（　　　　　）　④　61　（　　　　　）

⑤　58　（　　　　　）　⑥　89　（　　　　　）

❹ つぎの　数は　10を　何こ　あつめた　数ですか。
📖教上77ページ❷、❸、❹　30点(1つ5)

①　500　（　　　　）こ　②　330　（　　　　）こ

③　190　（　　　　）こ　④　670　（　　　　）こ

⑤　410　（　　　　）こ　⑥　760　（　　　　）こ

教科書 📖 上77ページ

きほんの
ドリル
24.

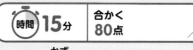

時間 **15**分 ｜ 合かく **80**点 ｜ /100

月　日

サクッと
こたえ
あわせ
答え **85**ページ

⑥　100を　こえる　数
Ｉ　100を　こえる　数　……(3)

[100が　10こで　1000に　なります。]

❶ □に　あてはまる　数や　ことばを　かきましょう。　教上78ページ❶

20点(□1つ10)

①　100を　10こ　あつめた　数は　1000　です。

②　1000は　かん字で　千と　かいて　せん　と　よみます。

❷ 下の　①を　100こずつ　かこんで　100が　いくつあるか
答えましょう。　教上78ページ❶　　　　　ぜんぶできて20点

100が（　　　　　　）こ

❸ 下の　数の直線で　つぎの　数に　あたる　目もりは　どこですか。
目もりの　下に　↑を　かきましょう。　教上79ページ❸　　20点(1つ10)

①　390

```
200    300    400    500
```

②　730

```
600    700    800    900
```

❹ ↑に　あたる　数は　何ですか。　教上79ページ❹、❺　　40点(1つ10)

```
830  840  850  860  870  880  890  900  910
```

⑦　　　　⑦　　　　　　⑦　　　　⑦

教科書　上78〜79ページ

⑥ **100を こえる 数**
１ **100を こえる 数** ……(4)

[>か <を つかって、数の 大小を あらわします。]

1 つぎの ⑦、⑦、⑦の ３つの 数の 大きさを くらべましょう。
□に あてはまる 数や きごうを かきましょう。 📖教上80ページ**1**

30点(□1つ5)

| ⑦ 413 | ⑦ 389 | ⑦ 426 |

① ⑦と ⑦を くらべます。百のくらいは ⑦が 4 、⑦が

3 だから、⑦ の ほうが 大きいと いえます。

② ⑦と ⑦を くらべます。百のくらいは 同じで、十のくらい

は ⑦が □ 、⑦が □ だから、□ の ほうが 大きい

と いえます。

2 ２つの 数を くらべて、□に >か <を かきましょう。

📖教上80ページ**2** 50点(1つ10)

① 159 □ 200 ② 343 □ 323 ③ 401 □ 405

④ 824 □ 842 ⑤ 760 □ 759

大 > 小
小 < 大 だね。

かつよう

3 つぎの 数を 大きい ほうから じゅんに かきましょう。

📖教上80ページ**3** 20点(1つ10)

① 681、239、293 （　　　　　　　　）

② 350、403、301 （　　　　　　　　）

教科書 📖 上80ページ

25

きほんの
ドリル
26.

 時間 15分 ｜ 合かく 80点 ｜ /100 ｜ 月　日

サクッと
こたえ
あわせ
答え 85ページ

⑥ 100を こえる 数
2 たし算と ひき算 ……(1)

[10が いくつ、100が いくつと 考えて、たしたり、ひいたり します。]

❶ くみさんは、1こ 90円の プリンと 1こ 60円の
チョコレートを 買いました。ぜんぶで 何円に なりますか。
□に あてはまる 数を かきましょう。  30点(□1つ10)

 で 考えると、9+□ こです。

90+60=□ だから、

□ 円です。

❷ みきさんは 700円 もって います。
200円の アイスクリームを 1こ 買うと、何円
のこりますか。 📖教上83ページ❺　　　30点(しき15・答え15)

しき（　　　　　　　　　　　　　　　）

答え（　　　　　　　　）

❸ つぎの 計算を しましょう。 📖教上82ページ❸、83ページ❻、❼　　40点(1つ5)

① 80+50=□　　　　② 70+90=□

③ 200+300=□　　　④ 400+600=□

⑤ 150−70=□　　　　⑥ 120−80=□

⑦ 900−300=□　　　⑧ 1000−400=□

教科書 📖 上82〜83ページ

時間 15分 | 合かく 80点 | /100 | 月　日

サクッと
こたえ
あわせ

答え 85ページ

⑥ 100を こえる 数
2 たし算と ひき算 ……(2)

[>、<、= を つかって、大きさを あらわします。]

よくよんで!

❶ なみさんは 200円を もって、おかしやさんへ あめと クッキー
を 買いに 行きました。□に あてはまる 数や ことばを
かきましょう。　📖教上84ページ❶　　　　　　　　　　60点(□1つ10)

40円

120円

100円

150円

① 200円で 40円の あめと 150円の クッキーは
買えますか。

　　200は 40+150より ［　　　　　　　］から、

　　200 ［ > ］ 40+150 と しきに かくことが できます。

　　答えは、［　　　　　　　］。

② 200円で 120円の あめと 100円の クッキーは
買えますか。

　　200は 120+100より ［　　　　　　　］から、

　　200 ［　　］ 120+100 と しきに かくことが できます。

　　答えは、［　　　　　　　］。

❷ >、<、= を つかって しきに かきましょう。　📖教上84ページ❷

40点(1つ10)

① 30+40 ［　］ 80　　② 60 ［　］ 100−50

③ 90 ［　］ 70+20　　④ 110−50 ［　］ 70

教科書 📖 上84ページ

きほんの
ドリル
28。

時間 15分 ｜ 合かく 80点 ／100

月　日

サクッと
こたえ
あわせ
答え 86ページ

⑦ か さ
リットル

[1L（リットル）ますを つかって かさを はかります。]

1 □に あてはまる 数や ことばを かきましょう。

教上88〜89ページ**1**　30点（□1つ10）

① かさの たんい L は ［リットル］ と よみます。

② 右の バケツに はいる 水の かさは、

1L の □つ分で □L です。

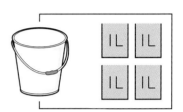

2 つぎの いれものには それぞれ 何L はいりますか。

教上89ページ**2**　20点（1つ10）

① 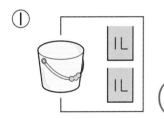 （　　　）

②  （　　　）

3 □に あてはまる 数を かきましょう。　教上90ページ**4**　20点（□1つ10）

1L を 同じ かさに 10こに 分けた 1つ分

の かさが ［1］dLです。1Lますには

［10］dL の 水が はいります。

1L=10dL

4 かさを かきましょう。　教上90ページ**5**　30点（1つ15）

① 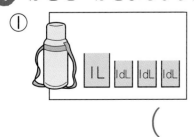 （　　　）

② 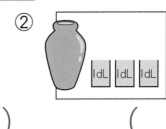 （　　　）

教科書 上87〜90ページ

⑦ かさ
ミリリットル／１Ｌは どれくらい

時間 15分 ｜ 合かく 80点 ｜ ／100

サクッと
こたえ
あわせ
答え 86ページ

[dL より 小さい かさの たんいに、mL（ミリリットル）が あります。]

1 □に あてはまる 数を かきましょう。 📖教 上91ページ❶

30点（1つ10、①は □1つ10）

① 1dL を 同じ かさに 10こに 分けた

1つ分が ［ 10 ］mL です。1dL ますには

［ 100 ］mL の 水が はいります。

1dL
↕10mL
1dL＝100mL

⚠ミスにちゅうい！

② 右の図の 水の かさは 何mL ですか。

（　　　　　）

| 1dL | 1dL | 1dL | 1dL |

2 右の図の 水の かさについて 答えましょう。 📖教 上91ページ❷

30点（1つ10）

① 何dL ですか。 （　　　　　）

② 何mL ですか。 （　　　　　）

③ 何Ｌ ですか。 （　　　　　）

| 1dL | 1dL | 1dL | 1dL | 1dL |
| 1dL | 1dL | 1dL | 1dL | 1dL |

3 2Ｌ と 3000mL では、どちらの 水の かさが 多いですか。

📖教 上91ページ❷ 10点

（　　　　　　　　　　　　）

4 つぎの □に あてはまる かさの たんいを かきましょう。

📖教 上92ページ❸ 30点（1つ10）

① かんジュース 350 □　　② ペットボトル 2 □

③ コップ 2 □

教科書 📖 上91〜92ページ

時間 15分 | 合かく 80点 | /100

月　日
サクッと
こたえ
あわせ
答え 86ページ

1 水が 大きい いれものに 3L5dL、小さい いれものに 5dL
はいって います。 📖教上93ページ❶　20点(しき5・答え5)

① かさは あわせて どれだけですか。

しき 3L5dL+5dL＝□L

答え （　　　　　）

② かさの ちがいは どれだけですか。

しき 3L5dL−5dL＝□L

答え （　　　　　）

2 つぎの 計算を しましょう。 📖教上93ページ❷　80点(1つ10)

① 2L7dL+2dL　　② 4L6dL+3L

③ 5L5dL+2L3dL　　④ 3L2dL+8dL

⑤ 6L8dL−4dL　　⑥ 9L1dL−5L

⑦ 7L8dL−4L3dL　　⑧ 5L7dL−7dL

教科書 📖 上93ページ

ひょうと　グラフ／時こくと　時間
たし算と　ひき算

1 下の　ひょうを　見て　答えましょう。　20点（①ぜんぶできて10、②③1つ5）

おかし	あめ	チョコレート	クッキー	せんべい
こ数（こ）	5	3	4	2

	○		
	○		○
	○		○
あめ	チョコレート	クッキー	せんべい

① おかしの　こ数を、○を
つかって、左下のグラフに
かきいれましょう。

② いちばん　数が　多い
おかしは　どれですか。

（　　　　　　）

③ いちばん　数が　少ない
おかしは　どれですか。

（　　　　　　）

2 いま　午後 3 時 50 分です。つぎの　時こくは　何時何分ですか。

20点（1つ10）

① 1 時間あと　　（　　　　　　　　）

② 30 分前　　　（　　　　　　　　）

3 つぎの　計算を　しましょう。　60点（1つ5）

① 24+6　　　② 19+5　　　③ 45+7

④ 37+8　　　⑤ 34+20　　　⑥ 51+40

⑦ 50−7　　　⑧ 90−3　　　⑨ 74−5

⑩ 42−8　　　⑪ 51−4　　　⑫ 96−60

長さ／たし算と　ひき算の　ひっ算（1）

⭐1 □に　あてはまる　数を　かきましょう。　　　40点（1つ10）

① 7cm=□mm

② 3cm9mm=□mm

③ 65mm=□cm□mm

④ 下の　直線の　長さは □cm□mm です。

また、これは □mm です。

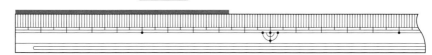

⭐2 ひっ算を　しましょう。　　　40点（1つ5）

①
```
  23
+ 17
```

②
```
  48
+  3
```

③
```
   5
+ 34
```

④
```
  19
+ 54
```

⑤
```
  69
- 64
```

⑥
```
  26
-  7
```

⑦
```
  79
- 48
```

⑧
```
  91
- 56
```

⭐3 ビーズを　45こ　もって　います。友だちに　16こ　もらうと　何こに　なりますか。ひっ算で　計算して、たしかめも　しましょう。

20点（ひっ算5・たしかめ5・しき5・答え5）

┌─ひっ算─┐ ┌─たしかめ─┐

しき（　　　　　　　　　）

答え（　　　　　　　　　）

時間 15分 | 合かく 80点 | /100

月　日

サクッと
こたえ
あわせ

答え 87ページ

100を こえる 数／かさ

1 □に あてはまる 数を かきましょう。　　30点(□1つ5)

① 10を 41こ あつめた 数は 〔　　　〕です。

② 520は 10を 〔　　〕こ あつめた 数です。

③ 100を 7こ、1を 3こ あわせた 数は 〔　　　〕です。

④ 217は、100を 〔　〕こ、10を 〔　〕こ、1を 〔　〕こ

あわせた 数です。

2 つぎの 数を 数字で かきましょう。　　18点(1つ6)

① 五百十八　　　② 百四十一　　　③ 八百七十九

（　　　　）　　（　　　　）　　（　　　　）

3 つぎの 計算を しましょう。　　12点(1つ6)

① 90+60= 〔　　　〕　　② 110−30= 〔　　　〕

4 つぎの 計算を しましょう。　　20点(1つ5)

① 5L4dL+3dL　　② 4L7dL+2L

③ 2L9dL−7dL　　④ 6L3dL−4L

5 □に あてはまる 数を かきましょう。　　20点(1つ5)

① 2L= 〔　　〕dL　　② 1000mL= 〔　〕L

③ 4dL= 〔　　〕mL　　④ 300mL= 〔　〕dL

33

時間 **15**分 | 合かく **80点** | ／100

サクッと こたえ あわせ

月　日

答え **87**ページ

⑧ **たし算と　ひき算の　ひっ算(2)**

1　たし算 ……(1)

［十のくらいから　百のくらいに　くり上がりが　ある　たし算です。］

1 ひっ算を　しましょう。 📖教上103ページ**1**、**2** 30点(1つ15)

①
```
    5 6
  + 6 1
    1 1 7
```

②
```
    6 2
  + 4 6
```

一のくらいに　くり上がりが ある　ときと　同じように 考えるよ。

2 ひっ算を　しましょう。 📖教上103ページ**3**、**4** 70点(1つ5)

①
```
    8 5
  + 3 3
```

②
```
    9 2
  + 2 0
```

③
```
    7 5
  + 5 4
```

④
```
    5 0
  + 8 7
```

⑤
```
    4 3
  + 8 2
```

⑥
```
    6 1
  + 5 8
```

⑦
```
    9 4
  + 7 3
```

⑧
```
    8 4
  + 6 1
```

⑨
```
    4 0
  + 7 5
```

⑩
```
    9 6
  + 3 1
```

⑪
```
    6 2
  + 4 0
```

⑫
```
    5 3
  + 5 6
```

⑬
```
    4 1
  + 6 3
```

⑭
```
    7 2
  + 3 6
```

教科書 📖 **上102〜103ページ**

⑧　**たし算と　ひき算の　ひっ算(2)**

１　たし算　　　　　　　　　　　　……(2)

[一のくらいにも　十のくらいにも　くり上がりが　ある　たし算です。]

❶　ひっ算を　しましょう。 📖教上104ページ**5**、**6**　　　　30点(1つ10)

①
```
   9 8
 + 6 3
 (1 6 1)
```

②
```
   4 5
 + 5 9
```

③
```
   9 7
 +   5
```

十のくらいに　1
くり上げて　たすよ。

❷　ひっ算を　しましょう。 📖教上104ページ**7**、**8**　　　　70点(1つ5)

①
```
   6 9
 + 4 3
```

②
```
   7 7
 + 5 4
```

③
```
   2 7
 + 8 6
```

④
```
   5 6
 + 4 8
```

⑤
```
   8 5
 + 2 5
```

⑥
```
   2 4
 + 7 6
```

⑦
```
   6 8
 + 3 9
```

⑧
```
   8 9
 + 1 7
```

⑨
```
   7 1
 + 2 9
```

⑩
```
   1 9
 + 8 2
```

⑪
```
   9 9
 +   8
```

⑫
```
     4
 + 9 6
```

⑬
```
   9 4
 +   9
```

⑭
```
     6
 + 9 6
```

⑧　たし算と　ひき算の　ひっ算(2)

１　たし算　　　　　　　　　　……(3)

答え **87**ページ

[3つの　数の　たし算でも、一のくらい、十のくらいの　じゅんに　計算します。]

1 ひっ算を　しましょう。　📖教上105ページ**1**　　　20点(1つ10)

①
```
    3 5
    5 1
+   6 3
    1 4 9
```

②
```
    2 8
    7 9
+   1 6
```

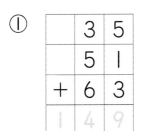

くらいを　たてに
そろえて　かくよ。

2 ひっ算を　しましょう。　📖教上105ページ**2**　　　80点(1つ10)

①
```
    4 1
    2 0
+   3 4
```

②
```
    3 2
    5 7
+   4 8
```

③
```
    6 8
    4 4
+   8 6
```

④
```
    2 9
    5 5
+   8 3
```

⑤
```
    1 8
    6 7
+   4 6
```

⑥
```
    4 5
    2 9
+   7 9
```

⑦
```
    3 4
    6 9
+   5 7
```

⑧
```
    7 9
    6 8
+   4 7
```

教科書 📖 上105ページ

⑧ **たし算と　ひき算の　ひっ算(2)**

2　ひき算　　　……(1)

[くり下がりの　ある　ひき算の　ひっ算です。]

❶ □に　あてはまる　数を　かき、ひっ算を　しましょう。

📖教上107ページ❶ 30点(□1つ5・ひっ算5)

```
  1 4 8
－   6 3
      8 5
```

〈一のくらいの　計算〉

$8-3=\boxed{5}$

〈十のくらいの　計算〉

くらいを　たてに
そろえて　かくよ。

百のくらいから　□1　くり下げて

$\boxed{14}-\boxed{6}=\boxed{8}$

❷ **ひっ算を　しましょう。** 📖教上107ページ❷ 70点(1つ5)

```
①   1 6 5      ②   1 2 9      ③   1 5 6      ④   1 5 2      ⑤   1 0 7
  －   7 2        －   5 8        －   8 4        －   9 1        －   4 1
```

```
⑥   1 0 5      ⑦   1 0 9      ⑧   1 4 4      ⑨   1 8 3      ⑩   1 2 6
  －   3 3        －   8 3        －   6 8        －   9 7        －   6 9
```

```
⑪   1 3 2      ⑫   1 4 2      ⑬   1 9 6      ⑭   1 5 2
  －   4 8        －   4 9        －   9 8        －   5 6
```

きほんの
ドリル
38。

時間 15分 ｜ 合かく 80点 ／100 ｜ 月　日
サクッと
こたえ
あわせ
答え 88ページ

⑧　たし算と　ひき算の　ひっ算(2)

2　ひき算　　　　　……(2)

[一のくらいの　計算で、百のくらいから　じゅんに　くり下げる　ひき算です。]

❶ □に　あてはまる　数を　かき、ひっ算を　しましょう。

📖教上109ページ❼　30点(□1つ5・ひっ算5)

```
    9
  1 0 5
－   2 9
  7 6
```

くり下がりに
ちゅうい　しよう。

〈一のくらいの　計算〉

百のくらいから □1 くり下げて

十のくらいを □10 に　する。

十のくらいから　1　くり下げて

□15 －9＝□6

〈十のくらいの　計算〉

十のくらいは □に　なったから

9－2＝7

⚠ミスにちゅうい！

❷ ひっ算を　しましょう。　📖教上108ページ❺、❻、109ページ❾、❿　70点(1つ5)

```
①  1 1 2    ②  1 3 3    ③  1 4 4    ④  1 1 7    ⑤  1 6 1
  －  3 5      －  4 6      －  6 8      －  2 9      －  7 2
```

```
⑥  1 5 6    ⑦  1 0 6    ⑧  1 0 5    ⑨  1 0 2    ⑩  1 0 4
  －  8 9      －  1 8      －  5 6      －  3 4      －    8
```

```
⑪  1 0 0    ⑫  1 0 0    ⑬  1 0 0    ⑭  1 0 0
  －  9 6      －    6      －    1      －    8
```

教科書 📖 上108〜109ページ

⑧ たし算と　ひき算の　ひっ算(2)

3　大きい　数の　ひっ算

[3けたの　数に、2けたや　1けたの　数を　たしたり、ひいたりする　ひっ算です。]

1 □に　あてはまる　数を　かき、ひっ算を　しましょう。

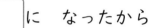教上111ページ❶　　40点(□1つ5・ひっ算5)

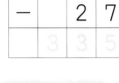

```
    3 6 2
  －   2 7
    3 3 5
```

くらいを　たてに
そろえて　かきます。

〈一のくらいの　計算〉

十のくらいから　□１　くり下げて

□12 －7= □5

〈十のくらいの　計算〉

十のくらいは　□に　なったから

□ －2= □

百のくらいは　□

2 ひっ算を　しましょう。　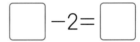教上111ページ❷　　60点(1つ5)

①
```
  2 1 8
＋   3 5
```

②
```
  3 7 4
＋   2 6
```

③
```
  6 3 5
＋   4 7
```

④
```
  4 2 9
＋   5 0
```

⑤
```
  3 6 1
＋   1 9
```

⑥
```
  5 3 7
＋     8
```

⑦
```
  2 8 4
－   1 5
```

⑧
```
  9 6 1
－   2 7
```

⑨
```
  7 3 6
－   2 8
```

⑩
```
  8 6 2
－   5 9
```

⑪
```
  2 8 1
－   8 1
```

⑫
```
  5 4 6
－     6
```

教科書 上111ページ

まとめの
ドリル
40.

時間 15分 ｜ 合かく 80点 ｜ /100

月　日

サクッと
こたえ
あわせ

答え 88ページ

⑧ たし算と　ひき算の　ひっ算(2)

1 ひっ算を　しましょう。

80点(1つ4)

① 72
  +61

② 99
  +32

③ 26
  +82

④ 93
  + 9

⑤ 58
  +43

⑥ 3
  +97

⑦ 70
  +64

⑧ 44
  15
  +29

⑨ 106
  − 52

⑩ 131
  − 63

⑪ 100
  − 26

⑫ 146
  − 87

⑬ 173
  − 98

⑭ 159
  − 83

⑮ 102
  − 58

⑯ 100
  − 4

⑰ 136
  + 25

⑱ 428
  + 37

⑲ 685
  − 29

⑳ 421
  − 17

2 ゆうきさんは　270円　もって　います。85円の　おかしを
買うと　のこりは　何円ですか。

20点(しき15・答え5)

しき　(　　　　　　　)　答え　(　　　　　　)

教科書 上102〜113ページ

きほんの
ドリル
41。 かつよう

時間 15分 ｜ 合かく 80点 ／100 ｜ 月 日

サクッと こたえ あわせ
答え 88ページ

こんにちは さようなら
いろいろに 考えて／まとめて 考えて

［ふえたり へったり した 数を、2つの 考え方で 計算します。］

よくよんで！

1 本を 21さつ もって いました。先月は 3さつ 買いました。今月は 2さつ 買いました。いま 本は 何さつ ありますか。

📖教上114〜115ページ**1** 50点(しき15・答え10)

① 買った じゅんに 考えて もとめましょう。

はじめ 21さつ 〈・・・〈・・ しき 21+3=□、□+2=□

答え □さつ

② 買った 本の数を まとめて 考えて もとめましょう。

はじめ 21さつ 〈・・・〈・・ しき （ ）

答え （ ）

よくよんで！

2 あき地に ねこが 15ひき いました。そこへ 5ひき やって来ました。その あと 2ひき どこかへ いきました。ねこは 何びきに なりましたか。 📖教上117ページ**3** 50点(しき15・答え10)

① 来て どこかへ いった じゅんに 考えましょう。

しき （ ）

答え （ ）

② 何びき ふえたかを まとめて 考えて もとめましょう。

はじめ 15ひき 〈・・〈・・・ ・・ しき（ ）

答え （ ）

⑨ しきと 計算（けいさん）
（　）を つかった しき

[（　）を つかって、計算の じゅんじょを くふうします。]

❶ つばめが でんせんに 12わ とまって いました。そこへ 2わ 来ました。また 5わ とんで 来ました。つばめは 何わ（なん）に なりましたか。□に あてはまる 数（かず）を かきましょう。　📖教 上118〜119ページ❶

40点（□1つ5）

①　じゅんに たす 考え方（かんがかた）で もとめましょう。

$$\boxed{12} + 2 + \boxed{5} = \boxed{}$$　答え（こた）□わ

②　（　）を つかって、まとめて たす 考え方で もとめましょう。

$$\boxed{12} + (2 + \boxed{5}) = \boxed{}$$　答え □わ

❷ こうえんに はとが 20わ いました。そこへ 6わ とんで 来ました。また 8わ とんで 来ました。はとは 何わに なりましたか。じゅんに たす 考え方で 1つの しきに かいて もとめましょう。　📖教 上118ページ❶ア、119ページ⚠

20点（しき10・答え10）

2つの しきを 1つに まとめて 考えよう。

しき（　　　　　　　　　　　）　答え（　　　　　　）

❸ 2日前（まえ）に かだんに 花が 25こ さいて いました。きのう 4こ さきました。きょうは 6こ さきました。花は 何こに なりましたか。（　）を つかって しきに かいて もとめましょう。　📖教 上119ページ❶イ、⚠

20点（しき10・答え10）

しき（　　　　　　　　　　　）　答え（　　　　　　）

❹ つぎの 計算を しましょう。　📖教 上119ページ⚠

20点（1つ5）

①　$10 + (5 + 2)$　　　②　$16 + (3 + 1)$

③　$22 + (7 + 3)$　　　④　$48 + (11 + 9)$

教科書 📖 上118〜119ページ

⑩ かけ算(1)
1 いくつ分と かけ算

答え 89ページ
サクッと
こたえ
あわせ

❶ はこに ボールが 6こ はいります。3はこでは 何こ
はいりますか。　📖教下6ページ❶　　　　　20点(しき10・答え10)

しき (6+6+6＝18)

答え (　　　　　)

[3の 5つ分を 3×5と かきます。3×5のような 計算を かけ算と いいます。]

❷ あつさが 3cmの 本を つみます。5さつ つむと、ぜんぶで
高さは 何cmに なりますか。　📖教下8ページ❸　30点(①10、②しき10・答え10)

① かけ算の しきに かきましょう。

(3×5)

② 答えを たし算で もとめましょう。

しき (　　　　　　　　　　　)

答え (　　　　　)

❸ かけ算の しきに かいて 答えを もとめましょう。　📖教下9ページ❺

50点(しき15・答え10)

① パン 8この 4ふくろ分は 何こですか。

しき (　　　　　　　　)

答え (　　　　　)

② 高さ 3cmの はこ 9こ分の 高さは 何cmですか。

しき (　　　　　　　　)

答え (　　　　　)

きほんの
ドリル
44.

時間 15分　合かく 80点　／100

月　日

サクッと
こたえ
あわせ

答え 89ページ

⑩　**かけ算（1）**
2　何ばいと　かけ算

[4の　3つ分の　ことを　4の　3ばいと　いいます。]

❶　□に　あてはまる　ことばや　数を　かきましょう。　教下10ページ❶

30点（1つ10）

① 4cmの　3つ分は　4cmの　3ばい とも　いいます。

② 4cmの　3つ分を　しきで　かくと　4×3 です。

③ 8×1は　8の　1ばい を　しきに　かいた　ものです。

❷　つぎの　長さに　なるように、テープに　色を　ぬりましょう。
また、かけ算の　しきに　かいて、その　長さを　もとめましょう。

教下11ページ❷　10点（ぬり2・しき4・答え4）

の　3ばい

2cm

2cm　2cm　2cm　2cm　2cm

しき（　　　　　　　　）　答え（　　　　　）

❸　かけ算の　しきに　かいて　答えを　もとめましょう。　教下11ページ❸

60点（しき10・答え10）

①　　　　　の　6ばいは　何こですか。

しき（　　　　　　　　）　答え（　　　　　）

②　　　　　の　7ばいは　何こですか。

しき（　　　　　　　　）　答え（　　　　　）

③ ［7cm］の　5ばいの　長さは　何cmですか。

しき（　　　　　　　　）　答え（　　　　　）

時間 15分　合かく 80点 ／100

月　日

サクッと
こたえ
あわせ
答え 89ページ

⑩　**かけ算(1)**
3　**かけ算の　九九**　……(1)

[5 のだんの　九九です。]

❶ □に　あてはまる　数や　ことばを　かきましょう。

📖教下12〜13ページ❶、14ページ❷　70点(□1つ5)

① $5×1= 5$……五一が 5　　　　$5×6= 30$……五六 30

　$5×2=$ 10 …五二 10　　　　$5×7=$ □ …五七 35

　$5×3= 15$……五三 □　　　　$5×8=$ □ …五八 40

　$5×4= 20$……五四 20　　　　$5×9= 45$……五九 □

　$5×5=$ □ …五五 25

② $5×1$の　5を　かけられる数、1を □
　と　いいます。

❷ チーズが　5こずつ　ふくろに　はいって　います。3ふくろでは
何こに　なりますか。　📖教下14ページ❸　15点(しき10・答え5)

しき（ $5×3=15$ ）

答え（　　　　　）

❸ 本を　1日に　5ページずつ　よみます。9日間では　何ページ
よめますか。　📖教下14ページ❹　15点(しき10・答え5)

しき（　　　　　　　　）

答え（　　　　　）

⑩ **かけ算(1)**

3 かけ算の 九九 ……(2)

[2のだんの 九九です。]

❶ □に あてはまる 数や ことばを かきましょう。 📖教下16ページ❷

60点(□1つ5)

2×1= □ …二一が 2

2×2= 4……二二が □

2×3= □ …二三が 6

2×4= 8……二四が 8

2×5= 10……二五 □

2×6= □ …二六 12

2×7= 14……二七 □

2×8= 16……二八 □

2×9= □ …二九 18

答えが 2ずつ
ふえて いくね。

❷ 2cmの 8ばいの 長さは 何cmですか。 📖教下16ページ❸

20点(しき10・答え10)

しき （　　　　　　　　　）

答え （　　　　　　）

❸ めだかが 2ひきずつ はいって
いる 水そうが 4こ あります。
めだかは ぜんぶで 何びきですか。

📖教下16ページ❹ 20点(しき10・答え10)

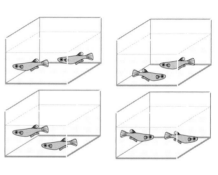

しき （　　　　　　　　　）

答え （　　　　　　）

教科書 📖 下15〜16ページ

⑩　かけ算（1）
3　かけ算の　九九　……(3)

[3のだんの　九九です。]

1 □に　あてはまる　数や　ことばを　かきましょう。　教 下18ページ❷

60点（□1つ5）

3×1= 3……三一が □

3×2= □ …三二が　6

3×3= 9……三三が □

3×4= □ …三四　12

3×5= 15……三五　15

3×6= 18……三六 □

3×7= □ …三七　21

3×8= 24……三八 □

3×9= □ …三九　27

答えが　3ずつ
ふえて　いくね。

2 リボンで　ばらの　花を　3本ずつ
たばに　します。5たばでは　何本に
なりますか。　教 下18ページ❸

20点（しき10・答え10）

しき　（　　　　　　　　　）

答え　（　　　　　）

3 1パック　3こ入りの　ヨーグルトが　あります。
7パック分では　何こに　なりますか。　教 下18ページ❹

20点（しき10・答え10）

しき　（　　　　　　　　　）

答え　（　　　　　）

教科書 下17〜18ページ

⑩ **かけ算(1)**
3 かけ算の 九九 ……(4)

サクッと
こたえ
あわせ
答え **90**ページ

[4 のだんの 九九です。]

1 □に あてはまる 数や ことばを かきましょう。 📖教下20ページ❷

60点(□1つ5)

$4×1=$ □ …四一が 4

$4×2= 8$……四二が □

$4×3= 12$……四三 □

$4×4=$ □…四四 16

$4×5= 20$……四五 20

$4×6= 24$……四六 □

$4×7=$ □…四七 28

$4×8=$ □…四八 32

$4×9= 36$……四九 □

答えが 4ずつ
ふえて いくね。

2 1ふくろに クッキーが 4こずつ
はいって います。6ふくろでは 何こに
なりますか。 📖教下20ページ❸

20点(しき10・答え10)

しき (　　　　　　　　)

答え (　　　　)

3 長さ 4mmの ビーズを 7こ つなぐと 7ばいの 長さに
なります。長さは ぜんぶで 何mmに なりますか。

📖教下20ページ❹ 20点(しき10・答え10)

しき (　　　　　　　　)

答え (　　　　)

教科書 📖 下19〜20ページ

きほんの
ドリル
49。

時間 15分 | 合かく 80点 | /100 | 月　日

サクッと
こたえ
あわせ
答え 90ページ

⑩　**かけ算(1)**
3　かけ算の　九九　　　　……(5)

[かけられる数と　かける数を　まちがえないように　します。]

⚠ミスにちゅうい!
❶ ジュースの　かんが　はいった　はこが　6はこ　あります。
1つの　はこには、かんが　5本ずつ　はいって　います。
かんは　ぜんぶで　何本に　なりますか。　📖教下21ページ❶

40点(□1つ10・答え10)

しき ［　］×［　］＝［　］　　　答え（　　　　）

⚠ミスにちゅうい!
❷ ドーナツの　はこが　6はこ　あります。1つの　はこに
ドーナツを　3こずつ　入れると、ぜんぶで　何こ
入れられますか。　📖教下21ページ❶　　　20点(しき10・答え10)

しき（　　　　　　　　）

答え（　　　　　　）

⚠ミスにちゅうい!
❸ 本を　5さつ　つみます。本　1さつの　あつさは　2cmです。
高さは　ぜんぶで　何cmに　なりますか。　📖教下21ページ❷

20点(しき10・答え10)

しき（　　　　　　　　）

答え（　　　　　　）

❹ 長いすが　3つ　あります。1つの　長いすに　子どもが　4人
ずつ　すわります。みんなで　何人　すわれますか。
📖教下21ページ❸　20点(しき10・答え10)

しき（　　　　　　　　）

答え（　　　　　　）

教科書📖 下21ページ

1 □に あてはまる 数を かきましょう。　　　20点（□1つ5）

① 5×9 は 5 の □つ分です。

② 3×7 は 3 の □ばいです。

③ 2×3 は 2 を □回 たしたものと 答えが 同じです。

④ 4人が すわれる ベンチが あります。ベンチが 1つ
ふえると、すわれる 人は □人 ふえます。

2 つぎの かけ算を しましょう。　　　60点（1つ5）

① 2×1＝□　　② 3×4＝□　　③ 5×3＝□

④ 4×7＝□　　⑤ 5×2＝□　　⑥ 2×7＝□

⑦ 3×8＝□　　⑧ 2×9＝□　　⑨ 4×3＝□

⑩ 5×9＝□　　⑪ 4×4＝□　　⑫ 3×5＝□

3 バイクの もけいを つくります。1台に タイヤを 2こずつ
つけます。8台では タイヤは ぜんぶで 何こに なりますか。

20点（しき10・答え10）

しき（　　　　　　　　　　）

答え（　　　　　）

教科書 下2〜23ページ

⑪ **かけ算（2）**
1 九九づくり　　　　　　……（1）

[6 のだんの　九九です。]

❶ □に　あてはまる　数や　ことばを　かきましょう。　📖教下26ページ❷

60点（□1つ5）

6×1= 6……六一が　□

6×2=□…六二（ろく に）　12

6×3= 18……六三（ろくさん）　18

6×4= 24……六四（ろく し）　□

6×5=□…六五（ろく ご）　30

6×6= 36……六六　□

6×7=□…六七（ろくしち）　42

6×8= 48……六八　□

6×9=□…六九　54

❷ りんごが 6こ はいった はこが 8はこ あります。りんごは
ぜんぶで 何こ ありますか。　📖教下26ページ❸　20点（しき10・答え10）

しき（　　　　　　　　　　）

答え（　　　　　　）

❸ 長さが 6cm の ひもが あります。この ひもの 3ばいの
長さは 何cm ですか。　📖教下26ページ❹　20点（しき10・答え10）

しき（　　　　　　　　　　）

答え（　　　　　）

教科書 📖 下24〜26ページ

⑪ **かけ算(2)**
1 九九づくり ……(2)

時間 15分 ｜ 合かく 80点 ｜ /100 ｜ 月 日

サクッと こたえ あわせ
答え 91ページ

[7のだんの 九九です。]

1 □に あてはまる 数や ことばを かきましょう。 📖教下28ページ❷

60点(□1つ5)

7×1=□ …七一が 7   7×6=□ …七六 42

7×2= 14……七二 14   7×7= 49……七七 □

7×3= 21……七三 □   7×8= 56……七八 □

7×4=□ …七四 28   7×9=□ …七九 63

7×5= 35……七五 □

2 □に あてはまる ことばや 数を かきましょう。 📖教下27ページ❶

20点(□1つ10)

7のだんは □数が 1 ふえると、答えは □ずつ ふえて いきます。

3 カードを くばります。8人に 7まいずつ くばると、カードは 何まい いりますか。 📖教下28ページ❹

20点(しき10・答え10)

しき （   ）

答え （   ）

教科書 📖 下27〜28ページ

⑪ **かけ算(2)**
1 九九づくり ……(3)

[8のだんの 九九です。]

❶ □に あてはまる 数や ことばを かきましょう。 📖教下30ページ❷

60点(□1つ5)

$8×1=$ □ …ハーが 8

$8×2=16$……ハニ 16

$8×3=24$……ハ三 □ □

$8×4=$ □ …ハ四 32

$8×5=40$……ハ五 □ □

$8×6=$ □ …ハ六 48

$8×7=56$……ハ七 □ □

$8×8=64$……ハ八 □ □

$8×9=$ □ …ハ九 72

✎よくよんで!
❷ ひもが 2本 あります。みじかい ひもの 長さは 8cmです。
長い ひもは みじかい ひもの 5ばいの 長さが あります。
長い ひもの 長さは 何cm ですか。 📖教下30ページ❸

20点(しき10・答え10)

しき （　　　　　　　　　）

答え （　　　　）

❸ 8こ入りの チョコレートの はこが 6はこ あります。
チョコレートは ぜんぶで 何こ ありますか。 📖教下30ページ❹

20点(しき10・答え10)

しき （　　　　　　　　　）

答え （　　　　）

きほんの
ドリル
54。

時間 15分 | 合かく 80点 | /100

月　日

サクッと
こたえ
あわせ
答え 91ページ

⑪ かけ算(2)
1 九九づくり
……(4)

[9のだんの 九九です。]

1 □に あてはまる 数や ことばを かきましょう。 📖教下31ページ❻

60点(□1つ5)

9×1=□…九一が 9　　　　9×6= 54……九六 □

9×2= 18……九二 □　　　9×7=□…九七 63

9×3= 27……九三 □　　　9×8=□…九八 72

9×4=□…九四 36　　　　9×9= 81……九九 □

9×5= 45……九五 □

2 1か月に たまごを 9こ うむ にわとりが います。
にわとりが 9わ いると、たまごは 1か月で 何こに
なりますか。 📖教下31ページ❼　　　　20点(しき10・答え10)

しき （　　　　　　　　　　　　）

答え （　　　　　　）

よくよんで!
3 りんごが はいった はこが 7はこ あります。1はこに
9こずつ はいって います。りんごは ぜんぶで 何こ
ありますか。 📖教下31ページ❽　　　　20点(しき10・答え10)

しき （　　　　　　　　　　　　）

答え （　　　　　　）

きほんの
ドリル
55.

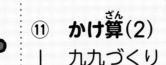
⑪ **かけ算(2)**
１ 九九づくり　　　　　……(5)

時間 **15**分　｜　合かく **80点**　　／**100**

月　日

サクッと
こたえ
あわせ

答え **91** ページ

[１のだんの　九九です。]

❶ □に　あてはまる　数や　ことばを　かきましょう。　📖教下32ページ❷

60点(□1つ5)

$1×1=1$ ……一一が □　　　｜　　$1×6=$ □ ……一六が　6

$1×2=$ □ ……一二が　2　　　｜　　$1×7=7$ ……一七が　7

$1×3=3$ ……一三が □　　　｜　　$1×8=8$ ……一八が □

$1×4=$ □ ……一四が　4　　　｜　　$1×9=$ □ ……一九が　9

$1×5=5$ ……一五が □

❷ パンを　１人に　１こずつ　くばります。7人では　パンは
何こ　いりますか。　📖教下32ページ❸　　　20点(しき10・答え10)

しき （　　　　　　　　　）

答え （　　　　　　　　）

[かけ算に　なる　もんだいを　つくります。]

❸ 絵を　見て　2×3の　もんだいを　つくりましょう。　📖教下33ページ❶

20点(□1つ10)

　ケーキが　１はこに □こずつ

はいって　います。

はこは □はこ　あります。ケーキは　ぜんぶで　何こに
なりますか。

きほんの
ドリル
56。

時間 15分 ｜ 合かく 80点 ｜ /100 ｜ 月　日

サクッと
こたえ
あわせ
答え 92ページ

⑪ **かけ算(2)**
2　かけ算を つかった もんだい
3　図や しきを つかって

[かけ算と、たし算や ひき算を つかって もんだいを 考えます。]

1 1まい 8円の 画用紙を 7まいと、1本 90円の
クレヨンを 1本 買いました。ぜんぶで 何円ですか。

📖教下35ページ❶　35点(しき20・答え15)

しき（ $8×7=56、56+90=146$ ）

はじめに 画用紙の
ねだんを もとめるよ。

答え（　　　　　）

2 はこに おかしが 5こずつ 6れつ はいって います。2こ
食べると 何こ のこりますか。📖教下35ページ❸　35点(しき20・答え15)

しき（　　　　　　　　　　　　　　　　　　）

答え（　　　　　　　）

[かけ算の しきが できるように、●を 同じ 数の まとまりに 分けて 考えます。]

3 右の ●の 数が いくつ あるか 考
えます。□に あてはまる 数を かき
ましょう。📖教下36～37ページ❶　30点(□1つ5)

① ㋐のように 考えると、

$6×$□$=12$

$3×$□$=6$

$12+6=$□

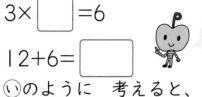
ほかにも もとめ方を
いろいろ くふうして
みてね。

② ㋑のように 考えると、

$6×$□$=24$、$3×2=6$

$24−$□$=$□

教科書 📖 下35～37ページ

⑪ かけ算(2)

1 □に あてはまる 数を かきましょう。　　20点(1つ10)

① 7 のだんの 九九は 答えが □ ずつ ふえて いきます。

② 9 のだんの 九九は 答えが □ ずつ ふえて いきます。

2 つぎの かけ算を しましょう。　　60点(1つ5)

① 6×2= □　　② 8×4= □　　③ 9×3= □

④ 8×5= □　　⑤ 7×3= □　　⑥ 1×8= □

⑦ 7×1= □　　⑧ 8×7= □　　⑨ 6×4= □

⑩ 9×2= □　　⑪ 6×8= □　　⑫ 7×6= □

3 みかんは ぜんぶで 何こ ありますか。　　20点(しき10・答え10)

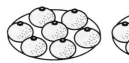 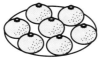 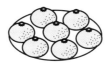

しき （　　　　　　　　　　　　　　　）

答え （　　　　）

教科書 📖 下24〜39ページ

きほんの
ドリル
58。

⑫ 三角形と 四角形
1 三角形と 四角形

時間 15分 | 合かく 80点 | /100

月　　日

サクッと こたえ あわせ
答え 92ページ

[三角形や 四角形が どんな 形かを 考えます。]

❶ □に あてはまる ことばを かきましょう。 📖教下41〜42ページ❶

20点(1つ10)

① 3本の 直線で かこまれて いる 形を [三]角形と いいます。

② 4本の 直線で かこまれて いる 形を [四]角形と いいます。

⚠️ミスにちゅうい!

❷ 三角形には △、四角形には □、どちらでも ない ものには ×の しるしを つけましょう。 📖教下43ページ❶　40点(1つ5)

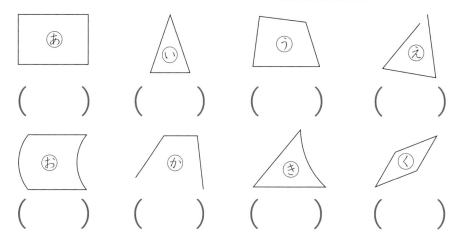

あ （　　　）　い （　　　）　う （　　　）　え （　　　）

お （　　　）　か （　　　）　き （　　　）　く （　　　）

❸ つぎの 図の ㋐、㋑を それぞれ 何と いいますか。

📖教下43ページ❶　40点(1つ20)

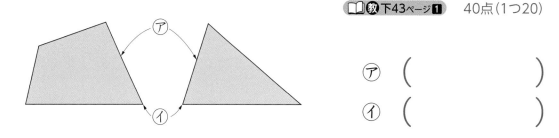

㋐ （　　　　　　　）

㋑ （　　　　　　　）

教科書 📖 下40〜45ページ

⑫ 三角形と 四角形
2 長方形と 正方形 ……(1)

時間 15分　合かく 80点　/100

月　日

サクッと
こたえ
あわせ
答え 92ページ

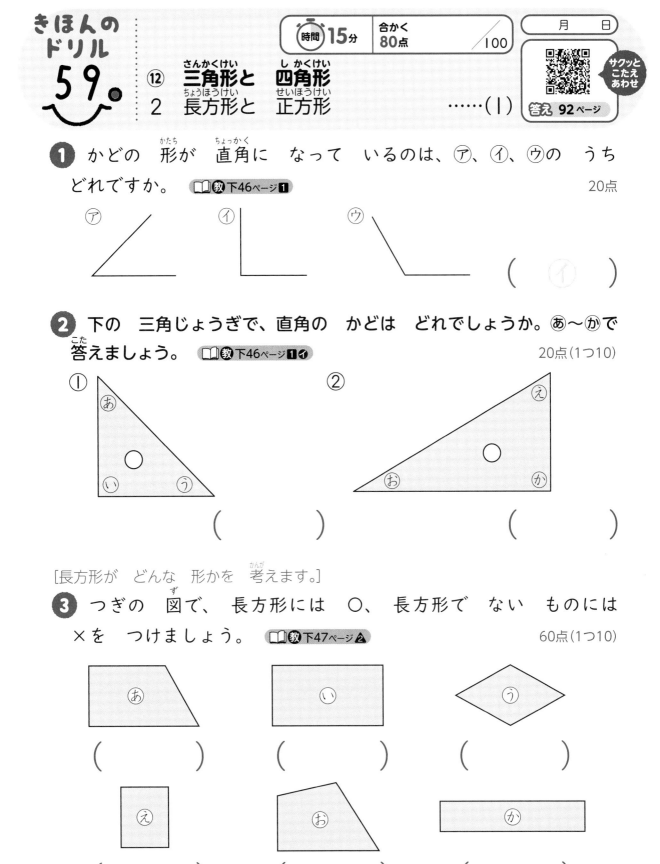

❶ かどの 形が 直角に なって いるのは、⑦、⑦、⑦の うち
どれですか。　教 下46ページ❶　20点

⑦　⑦　⑦

（　⑦　）

❷ 下の 三角じょうぎで、直角の かどは どれでしょうか。あ〜かで
答えましょう。　教 下46ページ❶ィ　20点(1つ10)

①　②

（　　　）　（　　　）

[長方形が どんな 形かを 考えます。]
❸ つぎの 図で、長方形には ○、長方形で ない ものには
×を つけましょう。　教 下47ページ❷　60点(1つ10)

あ　い　う

（　　　）　（　　　）　（　　　）

え　お　か

（　　　）　（　　　）　（　　　）

教科書 下46〜47ページ

きほんの ドリル 60

時間 15分　合かく 80点　／100　月　日

答え 92ページ　サクッとこたえあわせ

⑫ 三角形と 四角形
2 長方形と 正方形　……(2)

[正方形が どんな 形かを 考えます。]

1 □に あてはまる ことばを かきましょう。　📖教下48ページ❶

20点

かどが みんな 直角で、辺の 長さが みんな 同じ 四角形を

| 正方形 | と いいます。

2 つぎの 図で、長方形や 正方形を みつけましょう。

📖教下49ページ❷　80点(□1つ20)

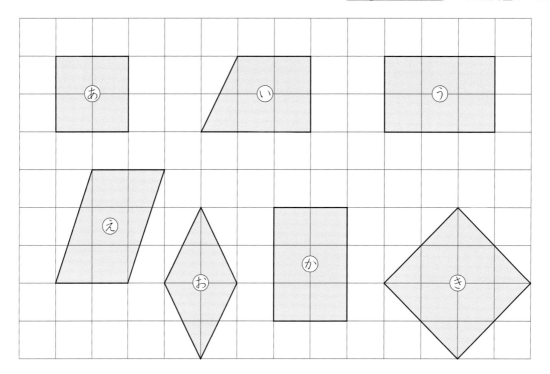

長方形 □ □　　正方形 □ □

60

教科書 📖 下48～49ページ

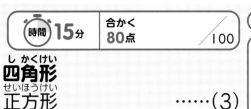

1 つぎの □ に あてはまる ことばを かきましょう。

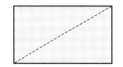 下50ページ❶　30点(1つ15)

① 長方形を、右のような 点線の ところで

切ると、□□□□□ が 2つ できます。

② 正方形を、右のような 点線の ところで

切ると、□□□□□ が 3つ できます。

2 つぎの 図で 直角三角形を みつけましょう。 下50ページ❷

40点(□1つ20)

   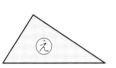

□ □

[方がん紙を つかって、長方形、正方形、直角三角形を かきます。]

3 つぎの 形を 方がん紙に かきましょう。 下51ページ❶　30点(1つ10)

① 1つの 辺の 長さが 2cm の 正方形

② 2つの 辺の 長さが 2cm と 4cm の 長方形

③ 直角に なる 2つの 辺の 長さが 4cm と 5cm の

直角三角形

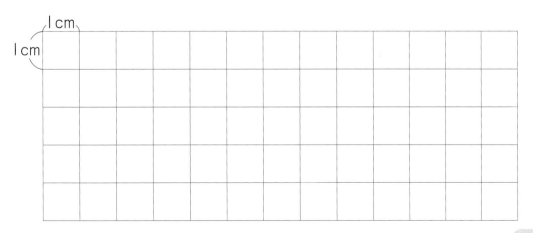

きほんの
ドリル
62。

時間 15分　合かく 80点　／100　月　日

サクッと
こたえ
あわせ

答え 93ページ

⑫ 三角形と 四角形
2 長方形と 正方形 ……(4)

[色紙を つかって、長方形、正方形、直角三角形を つくります。]

1 つぎのように 切った 色紙の 同じ 形の ものを 2まい
ならべて、長方形や 正方形、直角三角形を つくります。どのように
ならべれば よいか、下に かきましょう。　教下52ページ❶　40点(1つ10)

① 長方形

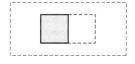

② 正方形

⑦

もう 1つを どのように
おくかだね。

⑦

③ 直角三角形

2 色紙を つぎのように 切って 8まいの 直角三角形を
つくりました。これを ならべて、長方形や 正方形、直角三角形を
つくりましょう。　教下53ページ❷、❸　60点(1つ20)

① 4まいで 正方形

② 4まいで 直角三角形

③ 6まいで 長方形

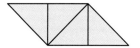

教科書 下52〜53ページ

きほんの
ドリル
63.

かつよう

⏱時間 15分

合かく
80点 ／100

月　日

サクッと
こたえ
あわせ

答え 93ページ

かっても　まけても！
ちがいを　みて

[ちがいが　いくつか　図を　見て　考えます。]

よくよんで！

❶ まりさんは　おはじきを　25こ　もって　います。まりさんは、みきさんより　7こ　多く　もって　います。みきさんは　何こ　もって　いますか。　📖教下56〜57ージ❶

40点(□1つ10・しき10・答え10)

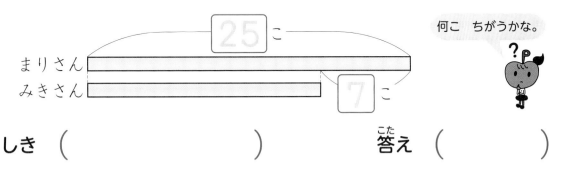

何こ　ちがうかな。

しき（　　　　　　　　　　）　答え（　　　　　　　　）

よくよんで！

❷ はとが　20わ　います。はとは　にわとりより　8わ　少ないそうです。にわとりは　何わ　いますか。　📖教下58ページ❸

40点(□1つ10・しき10・答え10)

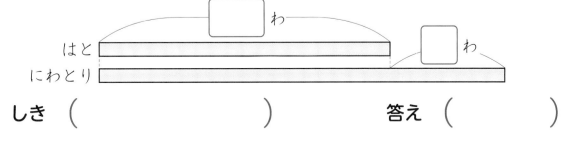

しき（　　　　　　　　　　）　答え（　　　　　　　　）

❸ ねこを　すきな　人が　8人　います。いぬを　すきな　人より　5人　少ないそうです。いぬを　すきな　人は　何人　いますか。

📖教下59ページ❹　20点(しき10・答え10)

ねこ
いぬ

しき（　　　　　　　　　　）　答え（　　　　　　　　）

時間 15分 ｜ 合かく 80点 ／100

サクッと
こたえ
あわせ

答え 93ページ

[何番目と、何この ちがいを 考えます。]

⚠️ミスにちゅうい！

❶ ｜｜人が ｜れつに ならんで います。かなさんの
うしろには ８人 います。かなさんの 前には 何人 いますか。

📖教下62〜63ページ❶　25点

前

（ ２人 ）

❷ どうぶつ園の 入り口に 子どもが ９人 ならんで います。
まさとさんの 前には ３人 います。まさとさんの うしろには
何人 いますか。　📖教下62〜63ページ❶　　25点

（　　　）

❸ 黒ばんに 絵が 10まい ｜れつに ならべて はって
あります。ゆりさんの 絵は 右から ４番目です。ゆりさんの
絵は 左から 何番目ですか。　📖教下63ページ❷　25点

（　　　）

❹ ｜組の 13人が よこ｜れつに ならんで います。しゅんす
けさんは 左から ６番目です。しゅんすけさんは 右から
何番目ですか。　📖教下63ページ❷　25点

（　　　）

たし算と　ひき算の　ひっ算(2)
しきと　計算

1 ひっ算を　しましょう。　　　　　　　　80点(1つ5)

① 　48
　＋24

② 　26
　＋37

③ 　57
　＋73

④ 　54
　＋68

⑤ 　21
　　45
　＋13

⑥ 　37
　　68
　＋82

⑦ 　69
　　41
　＋74

⑧ 　423
　＋　57

⑨ 　125
　－　81

⑩ 　107
　－　36

⑪ 　171
　－　85

⑫ 　134
　－　39

⑬ 　102
　－　53

⑭ 　123
　－　26

⑮ 　106
　－　58

⑯ 　641
　－　35

2 子どもが　13人　あそんで　いました。そこへ　4人　やって
来ました。その　あと　5人　やって　来ました。子どもは　何人に
なりましたか。(　)を　つかって　まとめて　たす　考えで
計算しましょう。　　　　　　　　　　　　　20点(□1つ5)

しき　13＋(□ ＋ □)＝ □

答え □人

かけ算(1)／かけ算(2)／三角形と　四角形

1 つぎの　かけ算を　しましょう。　　　　　　　60点(1つ5)

① 5×6＝ □

② 1×8＝ □

③ 7×3＝ □

④ 9×1＝ □

⑤ 8×2＝ □

⑥ 3×9＝ □

⑦ 2×7＝ □

⑧ 6×8＝ □

⑨ 9×5＝ □

⑩ 8×4＝ □

⑪ 7×6＝ □

⑫ 4×7＝ □

⚠️ミスにちゅうい！

2 6こ入りの　ドーナツの　はこが　7はこ　あります。
ドーナツは　ぜんぶで　何こ　ありますか。　　　10点(しき5・答え5)

しき （　　　　　　　　）

答え （　　　　）

3 つぎの　形に　あてはまる　ものを、⑦、⑦、⑦、⑦、⑦の　中から
えらびましょう。　　　　　　　　　　　　30点(□1つ5)

⑦	四角形
⑦	長方形
⑦	正方形
⑦	三角形
⑦	直角三角形

① 辺の　長さが　みんな　同じ　形

□

② 辺と　ちょう点が　3つずつ　ある　形

□ □

③ 辺と　ちょう点が　4つずつ　ある　形

□ □ □

⑬　**かけ算の　きまり**
Ｉ　かけ算の　きまり　　　……(Ｉ)

[九九の　ひょうを　見て、その　きまりを　考えます。]

❶　九九の　ひょうに　ついて、□に　あてはまる　数を　かきましょう。

📖教 下68ページ❶、69ページ❷　40点(□1つ5)

①　7のだんでは、かける数が　Ｉ　ふえると、答えは　7 だけ
ふえます。

②　6×4の　答えと　4×6の　答えは　同じに　なって
います。

③　9×3の　答えと　□×□の　答えは　同じに　なって
います。

④　2×5は、2×4より　□　大きいです。

⑤　8×4は、8×□より　8　大きいです。

⑥　6のだんでは　かける数が　□　ふえると、答えは　6
ふえます。

⑦　かける数が　Ｉ　ふえると　答えが　9　ふえるのは
□のだんです。

❷　つぎの　かけ算と　同じ　答えに　なる　かけ算を　みつけましょう。

📖教 下69ページ❷　60点(1つ10)

①　3×4=□×3　　　②　5×6=6×□

③　4×9=□×4　　　④　7×3=3×□

⑤　6×7=□×6　　　⑥　9×8=8×□

教科書 📖 下67〜69ページ

⏱時間 **15**分 ｜ 合かく **80点** ｜ /100 ｜ 月　日

サクッと
こたえ
あわせ

答え **94**ページ

⑬　**かけ算の　きまり**
１　かけ算の　きまり　　　……(2)

[九九の　ひょうを　見て、その　きまりを　考えます。]

⚠ミスにちゅうい!

❶　九九の　ひょうに　ついて、下の □ の　中の　数から　あてはまる
数を　２つずつ　えらびましょう。　📖教下70ページ❸、④　　60点(( )1つ10)

①　｜のように　同じ　答えが　｜つしか　ない　もの

(49)( )

②　３のように　同じ　答えが　２つ
ある　もの　　　( )( )

③　４のように　同じ　答えが　３つ
ある　もの　　　( )( )

6・9・10・16・28・49・81

かける　数

	1	2	3	4	5	6
1	1	2	3	4	5	6
2	2	4	6	8	10	12
3	3	6	9	12	15	18
4	4	8	12	16	20	24
5	5	10	15	20	25	30
6	6	12	18	24	30	36

かけられる数

❷　❶の　九九の　ひょうで、２のだんと　３のだんを　たすと、答えが
５のだんと　同じに　なります。同じように　して、つぎの　もんだいに
答えましょう。　📖教下71ページ❺　　40点(1つ10)

①　２のだんと　４のだんを　たすと、答えが 6 のだんと
同じに　なります。

②　４のだんと　５のだんを　たすと、答えが □ のだんと
同じに　なります。

③　□ のだんと　２のだんを　たすと、答えが　３のだんと
同じに　なります。

④　□ のだんから　２のだんを　ひくと、答えが　｜のだんと
同じに　なります。

教科書📖　下70〜71ページ

時間 15分　｜合かく 80点　　/100

サクッと
こたえ
あわせ

答え 94ページ

[九九を　こえた、3×10、3×11、3×12　などの　答えの　もとめ方を　考えます。]

❶ 3×12の　答えの　もとめ方を　考えましょう。　📖教下72ページ❶

20点(□1つ5)

3のだんの　九九は　答えが　⑦[3]ずつ　ふえるから、

$3 \times 9 = 27$

$3 \times 10 =$ ⑦[　　]　)3

$3 \times 11 =$ ⑦[　　]　)3

$3 \times 12 =$ ㋔[　　]　)3

❷ 14×2の　答えの　もとめ方を　考えましょう。　📖教下73ページ❸

80点(□1つ10)

① 14を　2つ　たすと　考えて　14+⑦[　　]=⑦[　　]

② 14×2=2×14だから、❶の　ように　考えて、

$2 \times 9 = 18$

$2 \times 10 = 20$　)2

$2 \times 11 =$ ⑦[　　]　)2

$2 \times 12 =$ ⑦[　　]　)2

$2 \times 13 =$ ㋑[　　]　)2

$2 \times 14 =$ ㋔[　　]　)2

③ かける数が　1ふえると、答えは　⑦[　　]ずつ　ふえるから、

$14 \times 2 =$ ⑦[　　]

教科書 📖 下72〜73ページ

⑭ 100cmを こえる 長さ
1mは どれくらい／長さは どれくらい

時間 15分　合かく 80点　/100　月　日

サクッと
こたえ
あわせ

答え 94ページ

[100cmを 1mと あらわします。]

1 □に あてはまる 数や ことばを かきましょう。　📖教 下78ページ**2**

20点（1つ5）

① 1m は 1 メートル と よみます。

② 1m は 100 cm です。

③ 110cm は □ m □ cm です。

④ m は 長さ の たんいです。

2 □に あてはまる 数を かきましょう。　📖教 下78ページ**3**　20点（1つ5）

① 140cm=□ m □ cm　② 128cm=□ m □ cm

③ 106cm=□ m □ cm　④ 100cm=□ m

3 つぎの ↓の いちの 長さを よみましょう。　📖教 下78ページ**4**

40点（1つ10）

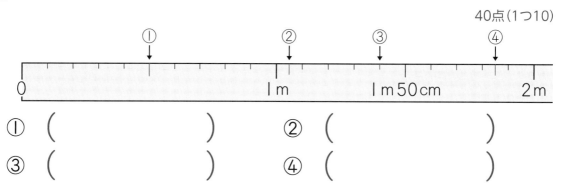

① 　②　③　④

0　　　　　1m　　1m50cm　　2m

① （　　　　　　　　）　② （　　　　　　　　）

③ （　　　　　　　　）　④ （　　　　　　　　）

4 □に あてはまる 長さの たんいを かきましょう。　📖教 下80ページ**2**

20点（1つ10）

① はがきの よこの 長さ 10 □

② たいいくかんの たての 長さ 55 □

教科書 📖 下76〜80ページ

⑭ 100cmを こえる 長さ
長さの 計算

❶ 青い リボンは 1m20cm で、白い リボンは 50cm でした。
青い リボンと 白い リボンを つなぐと 何 m 何 cm ですか。
☐に あてはまる 数を かいて、答えを もとめましょう。

📖教下81ページ❶　20点(しき10・答え10)

しき　1m20cm+50cm= ☐ m ☐ cm

答え（　　　　　　　　　　　）

❷ れいぞうこの 大きさを はかったら、たての 長さは
1m70cm で、よこの 長さは 60cm でした。たての 長さと
よこの 長さの ちがいは 何 m 何 cm ですか。📖教下81ページ❶

20点(しき10・答え10)

しき（　　　　　　　　　　　　　　　　）

答え（　　　　　　　　　　）

❸ 右の はこの たての 長さと よこの
長さと 高さを たすと、1m を こえま
すか。📖教下81ページ❷　　　　30点

（　　　　　　　　）

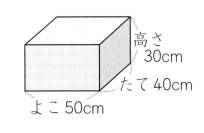

高さ 30cm
たて 40cm
よこ 50cm

❹ つぎの 計算を しましょう。📖教下81ページ❸　30点(1つ10)

① 4m+70cm= ☐ m ☐ cm

② 2m60cm−30cm= ☐ m ☐ cm

③ 1m80cm−80cm= ☐ m

きほんの
ドリル
72.

⏱時間 15分　合かく 80点　/100　　月　日

サクッと
こたえ
あわせ

答え 95ページ

⑮　1000を こえる 数
1000を こえる 数

[1000を こえる 数を よんだり、かいたり します。]

1 □に あてはまる 数を かきましょう。 📖教下87ページ**1**、88ページ**5**、**6**

30点(1つ15)

① 1000を 4こ、100を 5こ、10を 2こ、1を 7こ
あわせた 数は ┃4527┃ です。

② 5281は、1000を □こ、100を □こ、10を
□こ、1を □こ あわせた 数です。

2 数字で かきましょう。 📖教下88ページ**2**、**4** 20点(1つ5)
① 二千二百五十四　　　　② 三千八百九
　　　　(　　　　　　　)　　　　　(　　　　　　　)
③ 千六　　　　　　　　　④ 八千四十
　　　　(　　　　　　　)　　　　　(　　　　　　　)

3 つぎの 数を よみましょう。 📖教下88ページ**3** 40点(1つ10)
① 1329　　　　　　　　② 2710
　(　　　　　　　)　　(　　　　　　　)
③ 6068　　　　　　　　④ 7007
　(　　　　　　　)　　(　　　　　　　)

4 1000を 6こ、1を 9こ あわせた 数を かきましょう。

📖教下88ページ**5** 10点
(　　　　　　　)

教科書 📖 下86〜88ページ

きほんの
ドリル
73。

時間 15分 | 合かく 80点 | /100 | 月　日

サクッと
こたえ
あわせ
答え 95ページ

⑮ 1000を こえる 数
100が いくつ

5000は、1000を 5こ あつめた 数です。また、100を 50こ あつめた数です。

❶ □に あてはまる 数を かきましょう。 　📖教下89ページ❶、❷

30点(1つ10)

①　100を 10こ あつめた 数は 1000 です。

②　100を 15こ あつめた 数は 1500 です。

③　4300は 100を □こ あつめた 数です。

❷ 5600は 100を 何こ あつめた 数ですか。 　📖教下89ページ❷

20点

(　　　　　　)

❸ 100を 42こ あつめた 数は いくつですか。

　📖教下89ページ❶、❸　 20点

(　　　　　　)

❹ □に あてはまる 数を かきましょう。 　📖教下89ページ❹

10点(□1つ5)

6000は 1000を □こ あつめた 数です。また、100を □こ あつめた 数です。

❺ 700+400は いくつですか。 　📖教下89ページ❺　 20点

(　　　　　　)

教科書 📖 下89ページ

⏱時間 15分 | 合かく 80点 /100 | 月 日

サクッと こたえ あわせ
答え 95ページ

⑮ 1000を こえる 数
いちまん 一万

[1000を 10こ あつめた 数が 10000(一万) です。]

1 □に あてはまる 数や ことばを かきましょう。

📖教下90ページ❶、❷ 30点(□1つ10)

① 1000を 10こ あつめた 数は 10000 で、
かん字で 一万 と かきます。

② 10000より 1 小さい 数は [   ] です。

2 あと いくつで 10000に なりますか。📖教下90ページ❷ 20点(1つ10)

① 8000 (あと   ) ② 9200 (あと   )

3 下の 数の直線で つぎの 数に あたる 目もりは どこですか。
目もりの 下に ↑を かきましょう。📖教下91ページ❸ 30点(1つ10)

① 2900   2000 ――――――――― 3000

② 5400   5000 ――――――――― 6000

③ 9700   8000 ―――― 9000 ―――― 10000

4 2つの 数を くらべて、>か <を つかって かきましょう。

📖教下91ページ❹ 20点(1つ10)

① 5810、4990   ② 7523、7689

(   )   (   )

教科書📖 下90〜91ページ

サクッと
こたえ
あわせ

答え 95ページ

⑯　はこの　形
1　はこの　形

[はこの　形が　どんな　形か　考えます。]

1 つぎの　（　）に　あてはまる　ことばを　かきましょう。

📖教下96〜97ページ**1**、98ページ**2**

30点(1つ10)

① （　面　　　）

② （　辺　　　）

③ （ちょう点）

2 はこの　面に　ついて　答えましょう。　📖教下96〜97ページ**1**

30点(①1つ5、②③1つ10)

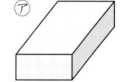 ㋐　　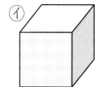 ㋑

① はこの　面は、どんな　形を
して　いますか。

㋐の　はこ（　　　　　　）㋑の　はこ（　　　　　　）

② 1つの　はこの　面は、ぜんぶで　いくつ　ありますか。

（　　　　　　）

③ ①の　㋐の　はこには、同じ　形の　面が　いくつずつ
ありますか。

（　　　　ずっ）

3 はこの　形の　辺や　ちょう点に　ついて　答えましょう。

📖教下98ページ**2**　40点(1つ20)

① はこの　形には、辺は　いくつ　ありますか。（　　　　　）

② はこの　形には、ちょう点は　いくつ　ありますか。

（　　　　　）

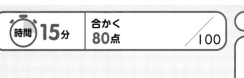

⏱ 時間 15分 ｜ 合かく 80点 ｜ /100 ｜ 月 日

サクッと
こたえ
あわせ

答え **95**ページ

⑯ **はこの 形**
2 **はこづくり**

[はこの 形を つくる ことを 考えます。]

❶ つぎのような はこの 形を つくります。つぎの ①～③ のような 面が、いくつずつ いりますか。 📖教下99ページ❶ 　　30点(1つ10)

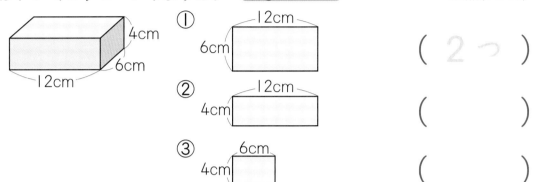

①
6cm ┌──12cm──┐
（ 2つ ）

②
4cm ┌──12cm──┐
（ 　 ）

③
4cm ┌─6cm─┐
（ 　 ）

❷ つぎのような さいころの 形を つくります。 📖教下99ページ❷

30点(1つ15)

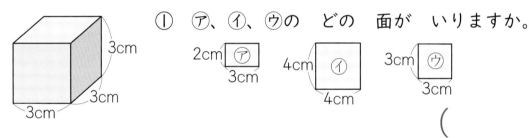

① ㋐、㋑、㋒の どの 面が いりますか。

2cm ㋐ 3cm　　4cm ㋑ 4cm　　3cm ㋒ 3cm

（ 　 ）

② いくつ いりますか。 （ 　 ）

❸ ひごと ねんど玉を つかって、はこの 形を つくります。

📖教下100ページ❶ 40点(1つ10)

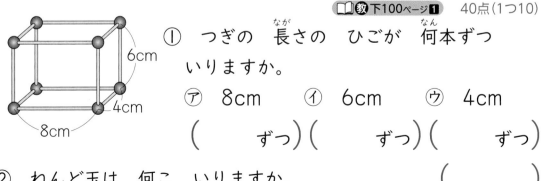

① つぎの 長さの ひごが 何本ずつ いりますか。

㋐ 8cm　　㋑ 6cm　　㋒ 4cm

（ 　ずつ）（ 　ずつ）（ 　ずつ）

② ねんど玉は 何こ いりますか。 （ 　 ）

教科書 📖 下99～100ページ

時間 **15**分 | 合かく **80**点 | /100 | 月　日

⑰ **分数**
分数と　もとの　大きさ

[もとの　大きさを　同じ　大きさに　2つに　分けた　1つ分が　$\frac{1}{2}$　です。]

1 □に　あてはまる　数や　ことばを　かきましょう。

📖教 下105ページ**2**、106ページ**5**　40点(アウオ1つ10、イエ1つ5)

もとの　大きさを　同じ　大きさに　2つに　分けた　1つ分を、

もとの　大きさの　⑦ 二分の一 　と　いい、④ $\frac{1}{2}$ 　と　かきます。

同じ　大きさに　4つに　分けた　1つ分を、もとの　大きさの

⑨ □ 　と　いい、④ □ 　と　かきます。

④や　⑤のような　数を　⑦ □ 　と　いいます。

2 つぎの　大きさに　なって　いる　ものは　どれですか。

📖教 下105ページ**3**、**4**、106ページ**6**　30点(1つ10)

① $\frac{1}{2}$ 　(　　)

② $\frac{1}{4}$ 　(　　)

③ $\frac{1}{8}$ 　(　　)

⑦ 〔帯図〕

④ 〔帯図〕

⑨ 〔帯図〕

3 1はこに　18こ入りの　チョコレートが
あります。　📖教 下108~109ページ**1**　30点(1つ15)

① 18この　$\frac{1}{2}$の　大きさは　何こ　ですか。

(　　　　)

② 18この　$\frac{1}{3}$の　大きさは　何こ　ですか。

(　　　　)

教科書 📖 下103~109ページ

たし算と　ひき算／たし算と　ひき算の
ひっ算／1000を　こえる　数

時間 15分　合かく 80点　／100　月　日

サクッと
こたえ
あわせ

答え 96ページ

⭐1 つぎの　計算を　しましょう。 30点(1つ5)

① 43+7　　② 86+6　　③ 18+5

④ 80−9　　⑤ 33−5　　⑥ 93−4

⭐2 ひっ算を　しましょう。 60点(1つ5)

①
```
   53
 + 16
```

②
```
   37
 + 82
```

③
```
   49
 + 74
```

④
```
  524
 +  38
```

⑤
```
   61
 − 59
```

⑥
```
   58
 − 42
```

⑦
```
  129
 −  53
```

⑧
```
  147
 −  79
```

⑨
```
  104
 −  56
```

⑩
```
  682
 −  37
```

⑪
```
   63
   45
 + 24
```

⑫
```
   76
    9
 + 68
```

⭐3 　□　に　あてはまる　数を　かきましょう。 10点(□1つ5)

5000　　6000　　7000　　[　　]　　9000　　[　　]

時間 15分　合かく 80点　/100

月　日

サクッと
こたえ
あわせ
答え 96 ページ

1 かけ算を　しましょう。

50点(1つ5)

① 5×9= ☐　　② 2×8= ☐

③ 3×4= ☐　　④ 9×2= ☐

⑤ 4×7= ☐　　⑥ 7×5= ☐

⑦ 9×9= ☐　　⑧ 1×6= ☐

⑨ 6×8= ☐　　⑩ 8×7= ☐

2 答えが　つぎの　数に　なる　九九を　ぜんぶ　かきましょう。

30点(1つ10)

① 6

（　　　　　　　　　　　　　　）

② 12

（　　　　　　　　　　　　　　）

③ 49

（　　　　　　　　　　　　　　）

3 カードを　7人に　くばります。

20点(しき5・答え5)

① 5まいずつ　くばると、カードは　何まい　いりますか。

しき（　　　　　　　）　　答え（　　　　　　）

② 8まいずつ　くばると、カードは　何まい　いりますか。

しき（　　　　　　　）　　答え（　　　　　　）

79

長　さ／時こくと　時間／か　さ
三角形と　四角形

1 ◯に　あてはまる　数を　かきましょう。　40点(1つ10)

① 1cm=□mm　　② 1m=□cm

③ 1cm5mm=□mm

④ 2m45cm=□cm

2 ◯に　あてはまる　数を　かきましょう。　30点(1つ15)

① いま　午前8時15分です。30分前の　時こくは

午前□時□分です。

② 1L7dL と　3dL を　あわせると　⑦□L で、これは、

④□dL とも　⑦□mL とも　あらわせます。

3 つぎの　形を　あ〜かの　中から　えらびましょう。　30点(1つ10)

① 正方形

（　　　）

② 長方形

（　　　）

③ 直角三角形

（　　　）

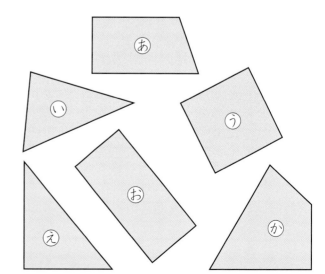

答え

● ドリルやテストがおわったら、うしろの
　「がんばりひょう」にシールをはりましょう。
● まちがえたら、かならずやり直しましょう。
　「考え方」もよみ直しましょう。

➡1. ① ひょうと グラフ　　1ページ

❶ ①

		○			
	○	○	○		
○	○	○	○		
○	○	○	○	○	
○	○	○	○	○	○
○	○	○	○	○	○
カレー	ラーメン	ハンバーグ	とんかつ	やきそば	うどん

②ハンバーグ　　　③うどん
④ラーメン、とんかつ

考え方 １人を○１つであらわします。
②～④は、グラフを見て答えましょう。

➡2. ② たし算と ひき算　　2ページ

❶ しき　16+4=20　　　　答え　20わ
❷ しき　27+3=30　　　　答え　30
❸ ①20　　②20　　③20　　④40
　⑤50　　⑥60　　⑦70　　⑧80
❹ ①7　　②9　　③5　　④2

考え方 ❶ 4わふえるので、4をたすと
考えます。16+4のたし算は、１のばら
が6と4で10だから、10のたばが１
つふえると考えます。
❸ たし算をして、10のたばがいくつで
きるか考えます。

➡3. ② たし算と ひき算　　3ページ

❶ しき　19+3=22　　　　答え　22本
❷ ①㋐2　　㋑2　　㋒3　　㋓23
　②㋐3　　㋑3　　㋒1　　㋓71
❸ ①23　　②22　　③21　　④32
　⑤41　　⑥52　　⑦82　　⑧91

考え方 ❸ ④27+5は、7にあといくつ
たすと 10になるかを考え、あと 3とわ
かったら、たす数5を3と2に分けます。
27+3で30、それに2をたして32と
答えをもとめます。

➡4. ② たし算と ひき算　　4ページ

❶ しき　20-7=13　　　　答え　13本
❷ しき　40-5=35　　　　答え　35
❸ ①16　　②12　　③48　　④74
　⑤61　　⑥55　　⑦33　　⑧87
❹ ①29　　②28　　③27　　④26
　⑤25　　⑥24　　⑦23　　⑧22

考え方 ❶ 20-7は、10+(10-7)と
考えます。
❷ 40を30と10に分けて、その10
から5をひくと考えます。
❸ ⑧90を80と10に分けて、その
10から3をひくと考えます。
❹ 30を20と10に分けます。

➡5. ② たし算と ひき算　　5ページ

❶ しき　23-5=18　　　　答え　18本
❷ ①㋐20　㋑2　　㋒20　　㋓2
　㋔15
　②㋐40　㋑5　　㋒40　　㋓5
　㋔39
❸ ①19　　②19　　③48　　④69
　⑤59　　⑥27　　⑦78　　⑧88

考え方 ❶ 20から5をひいて15。その
15と3で、答えは18です。

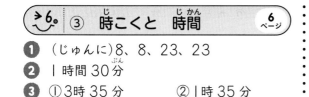

6. ③ 時こくと 時間 （6ページ）

❶ （じゅんに）8、8、23、23
❷ 1時間30分
❸ ①3時35分　　　②1時35分
　　③2時5分

考え方 ❶ 時こくと時こくの間が時間です。

7. ③ 時こくと 時間 （7ページ）

❶ ①（じゅんに）12、12　　②24
　　③6　　　　④午後　　　⑤15
❷ ①6時間　　　　　　　②7時間

考え方 ❷ 正午までと正午からあとに分けて考えます。

8. ④ 長 さ （8ページ）

❶ ①センチメートル　②6
❷ ①5cm　　　　　　②6cm
　　③6cm　　　　　　④10cm

考え方 ❷ 目もり1つ分が1cmだから、そのいくつ分あるかをしらべます。

9. ④ 長 さ （9ページ）

❶ ①10　　　　　　②7cm5mm
❷ ①直線
　　②40　　　　　　③63
❸ ①3cm5mm
　　　　35mm
　　②9cm2mm
　　　　92mm

考え方 ❸ ①1cmの目もりが、3つ分で3cm、あと、1mmの目もりが5つ分で5mm。あわせて3cm5mm。

10. ④ 長 さ （10ページ）

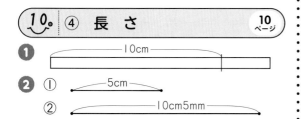

3.
①㋐8cm9mm　　　　㋑6cm5mm
　㋒9cm6mm
（ウ）が10cmの長さにいちばん近い。
②㋐10cm2mm　　　㋑11cm
　㋒9cm4mm
（ア）が10cmの長さにいちばん近い。

考え方 ❸ 10cmとのちがいがいちばん少ない長さが、10cmにいちばん近いといえます。

11. ④ 長 さ （11ページ）

❶ ① しき　8cm5mm+5cm
　　　　＝ 13cm5mm
　　答え　13cm5mm
　② しき　13cm5mm － 10cm
　　　　＝ 3cm5mm
　　答え　3cm5mm
❷ ①5cm7mm　　　②4cm
　　③7cm3mm　　　④4cm

考え方 ❶ ②ちがいをもとめるから、長いほうの㋐13cm5mmからみじかいほうの㋑10cmをひきます。
❷ 同じたんいのcmどうし、mmどうしで計算します。

12. ⑤ たし算と ひき算の ひっ算(1) （12ページ）

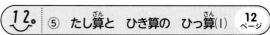

❷ ①48　　②39　　③58　　④99

❹ ①42　　②85　　③72　　④67
　　⑤70　　⑥90　　⑦61　　⑧31

考え方 ひっ算をするときは、一のくらいどうし、十のくらいどうしを、きちんとたてにそろえてかきます。一のくらいどうしをたして、答えの十のくらいの数を、ひっ算の十のくらいの上にかきます。十のくらいの数をたすときに、いっしょにたすのをわすれないようにします。

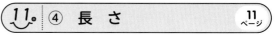

13. ⑤ たし算と ひき算の ひっ算(1) 13ページ

❶

```
たされる数…   36      25
たす数………  +25     +36
答え………    61     61
```

❷

① ひっ算…
```
  59
 +28
  87
```
たしかめ…
```
  28
 +59
  87
```

② ひっ算…
```
   8
 +42
  50
```
たしかめ…
```
  42
 + 8
  50
```

③ ひっ算…
```
  47
 +36
  83
```
たしかめ…
```
  36
 +47
  83
```

④ ひっ算…
```
  64
 + 9
  73
```
たしかめ…
```
   9
 +64
  73
```

❸ ひっ算…
```
  62
 +29
  91
```
たしかめ…
```
  29
 +62
  91
```

しき 62+29=91　　　答え 91円

考え方 **❷** ひっ算でするときは、同じくらいどうしを、たてにそろえてかきます。たしかめは、たされる数とたす数を入れかえてたし算をします。たしかめで、答えが同じにならないときは、計算をやり直します。

14. ⑤ たし算と ひき算の ひっ算(1) 14ページ

❶
①
```
  68
 -35
  33
```
②
```
  39
 -14
  25
```

❷ ①22　②40　③43　④30

❸ ①
```
  58
 -51
   7
```
②
```
   2
  33
 -25
   8
```
③
```
   4
  51
 -  4
  47
```

❹ ①27　②18　③16　④24
　　⑤9　⑥7　⑦48　⑧33

考え方 **❶**、**❷** たし算と同じように、一のくらいから計算します。
❸、**❹** 十のくらいから1くり下げてする計算です。十のくらいをくり下げたときに、十のくらいの数を＼でけして、1少ない数をかくのをわすれないようにします。

③ ②のように、答えの十のくらいが、ひき算をして0になるときは、その0はかかないことにちゅういしましょう。

15. ⑤ たし算と ひき算の ひっ算(1) 15ページ

❶
```
  17
 +18
  35
```

❷
① ひっ算…
```
  67
 -36
  31
```
たしかめ…
```
  31
 +36
  67
```

② ひっ算…
```
  71
 -27
  44
```
たしかめ…
```
  44
 +27
  71
```

③ ひっ算…
```
  45
 - 8
  37
```
たしかめ…
```
  37
 + 8
  45
```

④ ひっ算…
```
  50
 - 5
  45
```
たしかめ…
```
  45
 + 5
  50
```

❸ ひっ算…
```
  26
 -19
   7
```
たしかめ…
```
   7
 +19
  26
```

しき 26-19=7　　　答え 7こ

考え方 ひき算のたしかめは、答えにひく数をたして、ひかれる数になるかどうかを計算します。それがちがっていたら、はじめのひき算をやり直します。

16. ⑤ たし算と ひき算の ひっ算(1) 16ページ

❶ ①84　②94　③65　④50
　　⑤43　⑥65　⑦35　⑧50
　　⑨55　⑩33　⑪55　⑫4

❷
①
```
  53
 +19
  72
```
②
```
  19
 +53
  72
```

❸
①
```
  74
 -25
  49
```
②
```
  49
 +25
  74
```

83

考え方 たし算では、くり上がりがあるとき
は、くり上がった数をたすのをわすれない
ようにします。ひき算では、くり下がりが
あるときは、くり下がって、十のくらいが
１へるのをわすれないようにします。

おうちの かたへ **1** ⑧のひき算のように、一の位
が 6−6＝0 となったとき、その 0 を書き
忘れないようにします。逆に、⑫のように、
十の位の答えが 0 になるときは、その 0
を書かないことに注意します。

17. ほうかご 何する？
17ページ

1
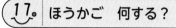
はじめの 数 17 人　来た 数 □人
ぜんぶの 数 29 人

しき　29−17＝12　　　答え　12人

2

はじめの 数
8 ひき　もらった 数 □ひき
ぜんぶの 数 23 びき

しき　23−8＝15　　　答え　15ひき

3 しき　34−26＝8　　　答え　8まい

考え方 ふえたのがいくつかをもとめるには、
ぜんぶの数からはじめの数をひくひき算を
します。図をかくと、はじめの数とふえた
数とぜんぶの数のかんけいがわかります。

18. ほうかご 何する？
18ページ

1
はじめの 数 30 こ
のこりの 数 7 こ　くばった 数 □こ

しき　30−7＝23　　　答え　23こ

2
はじめの 数 80 こ
のこりの 数 12 こ　つかった 数 □こ

しき　80−12＝68　　　答え　68こ

3 しき　23−6＝17　　　答え　17こ

考え方 へったのがいくつかをもとめるには、
はじめの数からのこりの数をひくひき算を
します。

19. ほうかご 何する？
19ページ

1
はじめの 数 □人　来た 数 6 人
ぜんぶの 数 40 人

しき　40−6＝34　　　答え　34人

2 しき　36−9＝27　　　答え　27こ

3
はじめの 数 □こ
のこりの 数 10 こ　食べた 数 6 こ

しき　10＋6＝16　　　答え　16こ

20. ほうかご 何する？
20ページ

1 ①図ウ　　しきオ　　答え　16人
②図イ　　しきエ　　答え　19人
③図ア　　しきカ　　答え　35人

考え方 **1** はじめの数35人、帰った数
19人、のこりの数16人のかんけいを図
にあらわします。ア〜ウの図は、数がわか
らないものが１つずつあります。それが、
もとめるものです。

21. ほうかご 何する？
21ページ

1 ①
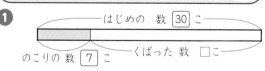
赤えんぴつ 13 本　青えんぴつ 6 本
ぜんぶの 数 □本

② しき　13＋6＝19　　　答え　19本

2 ①
画用紙 16 まい
のこりの 数 □まい　7 まい つかう

② しき　16−7＝9　　　答え　9まい

考え方 もんだい文をよんで、それを図にあ
らわすと、どんなしきで答えがもとめられ
るかが、わかりやすくなります。

1 赤えんぴつと青えんぴつの本数をたせ
ば、ぜんぶの数がもとめられます。もんだ
いの「ぜんぶで」ということばから、たし算
のしきをつくりましょう。

22. ⑥ 100を こえる 数　22ページ

❶ ①（じゅんに）4、1、8
　②（じゅんに）4、2
　③3
　④（じゅんに）2、0
❷ ①293　　②104　　③310
❸ ①154　　②575　　③821
　④703　　⑤900　　⑥460

考え方 ❶ 3けたの数は、百のくらい、十のくらい、一のくらいの3つの数字であらわされます。①の418は、100を4こ、10を1こ、1を8こあわせた数です。

23. ⑥ 100を こえる 数　23ページ

❶ ⑦80　　　　　　　①380
❷ ①20　　　　　　　②5
　③25　　　　　　　④45
❸ ①220　　②470　　③360
　④610　　⑤580　　⑥890
❹ ①50　　　②33　　　③19
　④67　　　⑤41　　　⑥76

24. ⑥ 100を こえる 数　24ページ

❶ ①1000　　　　　②せん
❷ 図はしょうりゃく。（1つのまとまりが50こなので、まとまりを2つずつかこみます。）　　100が（10）こ
❸ ①
```
200      300      400      500
├┼┼┼┼┼┼┼┼┼┼┼┼┼┼┼┼┼┼┼┼┤
                ↑
```
　②
```
600      700      800      900
├┼┼┼┼┼┼┼┼┼┼┼┼┼┼┼┼┼┼┼┼┤
          ↑
```
❹ ⑦835　　①853　　⑦887　　㋓904

25. ⑥ 100を こえる 数　25ページ

❶ ①（じゅんに）4、3、⑦
　②（じゅんに）1、2、⑦
❷ ①159 < 200　　②343 > 323
　③401 < 405　　④824 < 842
　⑤760 > 759
❸ ①681、293、239
　②403、350、301

考え方 1000までの数の大きさをくらべます。それには、上のくらいからくらべていきます。上のくらいが同じときは、1つ下のくらいをくらべます。

❷ ①百のくらいをくらべて、1と2では、2のほうが大きいので、200のほうが大きいとわかります。③百のくらいも十のくらいも同じです。一のくらいをくらべて、1と5では、5のほうが大きいので、405のほうが大きいとわかります。

26. ⑥ 100を こえる 数　26ページ

❶ （じゅんに）6、150、150
❷ しき　700-200=500　答え　500円
❸ ①130　　②160　　③500
　④1000　　⑤80　　⑥40
　⑦600　　⑧600

考え方 何十や何百のたし算やひき算です。10がいくつ、100がいくつと考えます。

27. ⑥ 100を こえる 数　27ページ

❶ ①（じゅんに）大きい、>、買えます
　②（じゅんに）小さい、<、買えません
❷ ①30+40 < 80
　②60 > 100-50
　③90 = 70+20
　④110-50 < 70

考え方 ❶ ①200□40+150のように、□の左がわと右がわの大きさをくらべて、左がわが大きければ、200 > 40+150とあらわします。
②200□120+100のように、□の右がわが大きければ、200 < 120+100とあらわします。
❷ ③90□70+20は、□の左がわと右がわの大きさが同じだから、90 = 70+20とあらわします。

85

❶ ①リットル ②(じゅんに)4、4
❷ ①2L ②5L
❸ (じゅんに)1、10
❹ ①1L3dL ②3dL

考え方 水のかさをはかるのに、1L(リットル)ますをつかいます。1Lは10dL(デシリットル)です。

❶ ①(じゅんに)10、100 ②390mL
❷ ①10dL ②1000mL ③1L
❸ 3000mL
❹ ①mL ②L ③dL

考え方 1dL=100mL、1L=1000mL
❶ ②小さな1目もりは10mLです。
❷ ②1dLます(つまり100mLます)が10こありますから、1000mLです。
❸ 2L=2000mL＜3000mLです。

❶ ①4 　　　　　　　　　答え 4L
　②3 　　　　　　　　　答え 3L
❷ ①2L9dL ②7L6dL ③7L8dL
　④4L ⑤6L4dL ⑥4L1dL
　⑦3L5dL ⑧5L

考え方 同じたんいのところを計算します。
❶ ①5dL+5dL=1L になります。
❷ ①は、dLどうしをたします。
7dL+2dL=9dLだから2L9dLです。
②は、Lどうしをたします。
4L+3L=7Lだから7L6dLです。
④は、dLどうしをたします。
2dL+8dL=1Lだから4Lです。
⑤は、dLどうしをひきます。
8dL-4dL=4dLだから6L4dLです。
⑥は、Lどうしをひきます。
9L-5L=4Lだから4L1dLです。
⑧は、dLどうしをひきます。
7dL-7dL=0だから5Lです。

❶ ①

○			
○		○	
○		○	
○	○	○	○
○	○	○	○
あめ	チョコレート	クッキー	せんべい

②あめ ③せんべい
❷ ①午後4時50分 ②午後3時20分
❸ ①30 ②24 ③52 ④45
　⑤54 ⑥91 ⑦43 ⑧87
　⑨69 ⑩34 ⑪47 ⑫36

考え方 ❶ ①おかし1こを○1こであらわします。
❷ 長いはりがどれだけうごいたかをしらべます。

おうちのかたへ ❸ くり上がりやくり下がりのあるたし算・ひき算を、間違えずにできるようにしましょう。

❶ ①70 ②39
　③(じゅんに)6、5
　④(じゅんに)8、4、84
❷ ①40 ②51 ③39 ④73
　⑤5 ⑥19 ⑦31 ⑧35
❸ ひっ算…　45　　たしかめ…　16
　　　　　 +16　　　　　　　 +45
　　　　　 ─── 　　　　　　　 ───
　　　　　　61　　　　　　　　 61

しき 45+16=61 　　答え 61こ

考え方 ❶ 1cm=10mm をもとに考えます。
④ ものさしの大きな1目もりは1cm、小さな1目もりは1mmです。
❸ 16こもらうとふえるので、16をたすたし算で計算します。

おうちのかたへ ❷ ①は答えの一の位は0を書きます。⑤は、答えの十の位は0になりますが、その0は書きません。

33. 100を こえる 数／かさ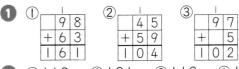

1 ①410　　②52
③703
④(じゅんに)2、1、7

2 ①518　　②141　　③879

3 ①150　　②80

4 ①5L7dL　　②6L7dL
③2L2dL　　④2L3dL

5 ①20　　②1
③400　　④3

考え方 **1** ①10が10こで100になります。④217は、200+10+7と考えられます。

3 ①は、10が9+6=15こで150です。②は、10が11-3=8こで80です。

おうちのかたへ **3** 10がいくつと考えると、簡単に計算できます。

5 1dL=100mLと1L=10dLは間違えやすいので注意しましょう。

34. ⑧ たし算と ひき算の ひっ算(2) 34ページ

1 ①
```
  5 6
+ 6 1
1 1 7
```
②
```
  6 2
+ 4 6
1 0 8
```

2 ①118　②112　③129　④137
⑤125　⑥119　⑦167　⑧145
⑨115　⑩127　⑪102　⑫109
⑬104　⑭108

考え方 十のくらいにくり上がりがあるたし算のひっ算です。

1 ①十のくらいは、5+6=11で、百のくらいに1くり上がります。②十のくらいは、6+4=10で、百のくらいに1くり上げて、十のくらいには0をかきます。

2 ⑪~⑭は、十のくらいのたし算が10になります。百のくらいに1くり上げて、十のくらいには0をかきます。

35. ⑧ たし算と ひき算の ひっ算(2) 35ページ

1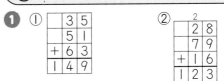
①
```
    1
  9 8
+ 6 3
1 6 1
```
②
```
    1
  4 5
+ 5 9
1 0 4
```
③
```
    1
  9 7
+   5
1 0 2
```

2 ①112　②131　③113　④104
⑤110　⑥100　⑦107　⑧106
⑨100　⑩101　⑪107　⑫100
⑬103　⑭102

考え方 一のくらいと十のくらいのりょうほうにくり上がりがあるたし算のひっ算です。一のくらいから十のくらいに、じゅんばんにたし算をしていきます。

1 ①一のくらいは8+3=11で、十のくらいに1くり上げます。十のくらいは、1+9+6=16で、百のくらいに1くり上げます。

36. ⑧ たし算と ひき算の ひっ算(2) 36ページ

1 ①
```
  3 5
  5 1
+ 6 3
1 4 9
```
②
```
    2
  2 8
  7 9
+ 1 6
1 2 3
```

2 ①95　②137　③198　④167
⑤131　⑥153　⑦160　⑧194

考え方 3つの数のたし算のひっ算です。2つの数のたし算と同じように、一のくらい、十のくらいのじゅんに計算します。

1 ②一のくらいは、8+9+6=23で、十のくらいに2くり上げます。十のくらいは、2+2+7+1=12で、百のくらいに1くり上げます。

37. ⑧ たし算と ひき算の ひっ算(2) 37ページ

1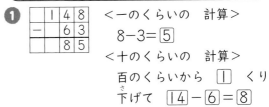
```
  1 4 8
-   6 3
    8 5
```
<一のくらいの 計算>
8-3=⑤
<十のくらいの 計算>
百のくらいから ① くり下げて ⑭-⑥=⑧

2 ①93　②71　③72　④61　⑤66
⑥72　⑦26　⑧76　⑨86　⑩57
⑪84　⑫93　⑬98　⑭96

考え方 くり下がりのあるひき算です。

❷ ①〜⑦は、一のくらいにくり下がりはありません。十のくらいはひけないので、百のくらいから１くり下げます。

⑧〜⑭は、一のくらいと十のくらいのりょうほうにくり下がりがあります。

---

38. ⑧ たし算と ひき算の ひっ算(2) 38ページ

❶
	9		
	1̸0	5	
−	2	9	
	7	6	

＜一のくらいの 計算＞
百のくらいから ☐1 くり下げて 十のくらいを ☐10 にする。十のくらいから １ くり下げて ☐15 −9＝☐6

＜十のくらいの 計算＞
十のくらいは ☐9 に なったから
9−2＝7

❷ ①77 ②87 ③76 ④88 ⑤89
⑥67 ⑦88 ⑧49 ⑨68 ⑩96
⑪4 ⑫94 ⑬99 ⑭92

考え方 ❶、❷⑦〜⑭は、一のくらいを計算するとき、百のくらいからじゅんにくり下げます。

---

39. ⑧ たし算と ひき算の ひっ算(2) 39ページ

❶
	5		
3	6̸	2	
−	2	7	
3	3	5	

＜一のくらいの 計算＞
十のくらいから ☐1 くり下げて ☐12 −7＝☐5

＜十のくらいの 計算＞
十のくらいは ☐5 に なったから
☐5 −2＝☐3
百のくらいは ☐3

❷ ①253 ②400 ③682 ④479
⑤380 ⑥545 ⑦269 ⑧934
⑨708 ⑩803 ⑪200 ⑫540

考え方 ３けたと２けたのたし算とひき算のひっ算です。一のくらい、十のくらい、百のくらいのじゅんに計算します。

---

40. ⑧ たし算と ひき算の ひっ算(2) 40ページ

❶ ①133 ②131 ③108 ④102
⑤101 ⑥100 ⑦134 ⑧88
⑨54 ⑩68 ⑪74 ⑫59
⑬75 ⑭76 ⑮44 ⑯96
⑰161 ⑱465 ⑲656 ⑳404

❷ しき 270−85＝185 答え 185円

おうちのかたへ ❶ ⑪、⑮、⑯ のように、一の位の計算で、十の位が０でくり下げることができないとき、百の位から順にくり下げるところが間違えやすいので注意します。

---

41. こんにちは さようなら 41ページ

❶ ①しき 21+3＝☐24、☐24 +2＝☐26
答え ☐26 さつ
②しき 3+2＝5、21+5＝26
答え 26さつ

❷ ①しき 15+5＝20、20−2＝18
答え 18ぴき
②しき 5−2＝3、15+3＝18
答え 18ぴき

考え方 ❶ ①ふえたじゅんにたします。
②ふえた分をさきに計算してたします。

---

42. ⑨ しきと 計算 42ページ

❶ ①☐12 +2+☐5 ＝☐19 答え ☐19 わ
②☐12 +(2+☐5)＝☐19 答え ☐19 わ
❷ しき 20+6+8＝34 答え 34わ
❸ しき 25+(4+6)＝35 答え 35こ
❹ ①17 ②20 ③32 ④68

考え方 ❶ ①じゅんに３つの数を１つのしきにまとめてたすたし算のしきをつくります。12+2＝14、14+5＝19の２つのしきを１つにまとめると、12+2+5＝19となります。

②ふえた数をまとめてたすしきをつくります。2+5＝7、12+7＝19の２つのしきを( )をつかって１つにまとめると、12+(2+5)＝19となります。( )の中はさきにまとめて計算します。

43。 ⑩ かけ算(Ⅰ) 43ページ

❶ しき　6+6+6=18　　答え　18こ

❷ ①3×5

②しき　3+3+3+3+3=15

答え　15cm

❸ ①しき　8×4=32

答え　32こ

②しき　3×9=27

答え　27cm

考え方 ❶ 6この3つ分だから、6+6+6=18(かけ算では6×3=18です。)

❷ ①3cmの5つ分だから、3×5とかきます。これを5×3とかくと、5cmの3つ分となってしまいます。かけ算では、しきのかき方によくちゅういしましょう。

44。 ⑩ かけ算(Ⅰ) 44ページ

❶ ①3ばい　②4×3　③1ばい

❷ 

しき　2×3=6　　答え　6cm

❸ ①しき　3×6=18　　答え　18こ

②しき　4×7=28　　答え　28こ

③しき　7×5=35　　答え　35cm

45。 ⑩ かけ算(Ⅰ) 45ページ

❶ ①
5×1= 5 ……五一が(ごいち)　[5]
5×2=[10]……五二([ごに])　10
5×3= 15 ……五三([ごさん])　[15]
5×4= 20 ……五四(ごし)　20
5×5=[25]……五五(ごご)　25
5×6= 30 ……五六([ごろく])　[30]
5×7=[35]……五七(ごしち)　35
5×8=[40]……五八(ごは)　40
5×9= 45 ……五九([ごっく])　[45]

②かけられる数、かける数

❷ しき　5×3=15　　答え　15こ

❸ しき　5×9=45　　答え　45ページ

考え方 ❶ 九九をおぼえると、かけ算の答えがすぐにもとめられて、ひとつひとつたし算をしなくてすみ、べんりです。

46。 ⑩ かけ算(Ⅰ) 46ページ

❶
2×1=[2]……二一が([にいち])　2
2×2= 4 ……二二が(ににん)　[4]
2×3=[6]……二三が([にさん])　6
2×4= 8 ……二四が(にし)　8
2×5= 10 ……二五(にご)　[10]
2×6=[12]……二六(にろく)　12
2×7= 14 ……二七([にしち])　[14]
2×8= 16 ……二八(にはち)　[16]
2×9=[18]……二九([にく])　18

❷ しき　2×8=16　　答え　16cm

❸ しき　2×4=8　　答え　8ぴき

考え方 2のだんの九九です。答えが1けたの九九は「二一が2」のように、「が」を入れます。「が」を入れると、ちょうしがよくて、おぼえやすいですね。「二二が4」は、かける数の二は「にん」といい、四は「し」、七は「しち」、九は「く」といいます。九九は、何のだんかによって、同じ数でも、いい方がちがうことにちゅういしましょう。

47。 ⑩ かけ算(Ⅰ) 47ページ

❶
3×1= 3 ……三一が(さんいち)　[3]
3×2=[6]……三二が(さんに)　6
3×3= 9 ……三三が([さざん])　[9]
3×4=[12]……三四(さんし)　12
3×5= 15 ……三五(さんご)　15
3×6= 18 ……三六([さぶろく])　[18]
3×7=[21]……三七([さんしち])　21
3×8= 24 ……三八([さんぱ])　[24]
3×9=[27]……三九(さんく)　27

❷ しき　3×5=15　　答え　15本

❸ しき　3×7=21　　答え　21こ

考え方 3のだんは、かける数が1ふえると、答えは3ずつふえていきます。3のだんの九九では、「三三が9」を「さざんがく」といい、三のことを「さ」や「ざん」といいます。「三六18」では「さぶろく18」と三のことを「さぶ」といい、「三八24」は八のことを「ぱ」とよぶことにちゅういしましょう。

❶ 4×1= 4 ……四一が 4
　四一が（しいち）
　4×2= 8 ……四二が 8
　四二が（しに）
　4×3= 12 ……四三 12
　四三（しさん）
　4×4= 16 ……四四 16
　四四（しし）
　4×5= 20 ……四五 20
　四五（しご）
　4×6= 24 ……四六 24
　四六（しろく）
　4×7= 28 ……四七 28
　四七（ししち）
　4×8= 32 ……四八 32
　四八（しは）
　4×9= 36 ……四九 36
　四九（しく）

❷ しき　4×6=24　　　答え　24こ
❸ しき　4×7=28　　　答え　28mm

考え方　4のだんは、かける数が1ふえると、答えは4ずつふえていきます。4のだんの九九は、どれも、四は「し」とよんでいます。かける数のほうは、「四八32」の八だけが「は」といいます。

❶ しき　5×6=30　　　答え　30本
❷ しき　3×6=18　　　答え　18こ
❸ しき　2×5=10　　　答え　10cm
❹ しき　4×3=12　　　答え　12人

考え方　かけ算のしきをつくって、答えをもとめるときに、ちゅういしなければならないことがあります。それは、5×3というときは、5の3つ分といういみになることです。これを、3×5とかくと、3の5つ分といういみになり、答えは同じ15でも、しきのいみがちがうことにちゅういしましょう。

❶ 5本の6つ分だから、しきは5×6となります。もんだい文にでてくる数のじゅんに、6×5とすると、しきのいみがちがうことになります。

❷ ドーナツは、1はこ分の数は3こで、その6はこ分だから、しきは3×6となります。

❶ ①9
　②7
　③3
　④4

❷ ①2　　　②12　　　③15
　④28　　　⑤10　　　⑥14
　⑦24　　　⑧18　　　⑨12
　⑩45　　　⑪16　　　⑫15

❸ しき　2×8=16　　　答え　16こ

考え方　❸ 2この8ばいになります。8×2とすると、ちがういみになってしまいます。「何こ」とたずねられているので、「16こ」と答えをかきましょう。

おうちのかたへ　九九で、覚えにくいところ、間違えやすいところがでてきたら、その九九は何回も練習しましょう。
❶ かけ算のもとになる考え方についての問題です。「何のいくつ分」という意味を、しっかり読み取れるようにしましょう。

❶ 6×1= 6 ……六一が 6
　六一が（ろくいち）
　6×2= 12 ……六二 12
　六二（ろくに）
　6×3= 18 ……六三 18
　六三（ろくさん）
　6×4= 24 ……六四 24
　六四（ろくし）
　6×5= 30 ……六五 30
　六五（ろくご）
　6×6= 36 ……六六 36
　六六（ろくろく）
　6×7= 42 ……六七 42
　六七（ろくしち）
　6×8= 48 ……六八 48
　六八（ろくは）
　6×9= 54 ……六九 54
　六九（ろっく）

❷ しき　6×8=48　　　答え　48こ
❸ しき　6×3=18　　　答え　18cm

考え方　6のだんの九九は、かける数が1ふえると、答えは6ずつふえます。「六九54」は「ろっく54」とよむことにちゅういしましょう。

❶
$7×1=\boxed{7}$ ……七一が 7
$7×2=14$ …… 七二 14
$7×3=21$ …… 七三 $\boxed{21}$
$7×4=\boxed{28}$ …… 七四 28
$7×5=35$ …… 七五 $\boxed{35}$
$7×6=\boxed{42}$ …… 七六 42
$7×7=49$ …… 七七 $\boxed{49}$
$7×8=56$ …… 七八 $\boxed{56}$
$7×9=\boxed{63}$ …… 七九 63

❷ (じゅんに)かける、7

❸ **しき** $7×8=56$ **答え** 56まい

考え方 7のだんは、かける数が1ふえると、答えは7ずつふえます。「七六42」は「しちろく、しじゅうに」、「七七49」は「しちしち、しじゅうく」といいます。

❸ 7まいの8つ分だから、7×8というかけ算のしきでもとめます。

❶
$8×1=\boxed{8}$ …… 八一が 8
$8×2=16$ …… 八二 16
$8×3=24$ …… 八三 $\boxed{24}$
$8×4=\boxed{32}$ …… 八四 32
$8×5=40$ …… 八五 $\boxed{40}$
$8×6=\boxed{48}$ …… 八六 48
$8×7=56$ …… 八七 $\boxed{56}$
$8×8=64$ …… 八八 $\boxed{64}$
$8×9=\boxed{72}$ …… 八九 72

❷ **しき** $8×5=40$ **答え** 40cm

❸ **しき** $8×6=48$ **答え** 48こ

考え方 8のだんは、かける数が1ふえると、答えは8ずつふえます。「八八64」は「はっぱ、ろくじゅうし」、「八九72」は「はっく、しちじゅうに」といいます。八は、「はち」のほかに「は」「ぱ」などとよぶこともあるので、ちゅういしましょう。

❶
$9×1=\boxed{9}$ …… 九一が 9
$9×2=18$ …… 九二 $\boxed{18}$
$9×3=27$ …… 九三 $\boxed{27}$
$9×4=\boxed{36}$ …… 九四 36
$9×5=45$ …… 九五 $\boxed{45}$
$9×6=54$ …… 九六 $\boxed{54}$
$9×7=\boxed{63}$ …… 九七 63
$9×8=\boxed{72}$ …… 九八 72
$9×9=81$ …… 九九 $\boxed{81}$

❷ **しき** $9×9=81$ **答え** 81こ

❸ **しき** $9×7=63$ **答え** 63こ

考え方 9のだんは、かける数が1ふえると、答えは9ずつふえます。「九九81」は「くく、はちじゅういち」といいます。1のだんから9のだんまでの、かけ算のいい方を九九というのは、この九九81からきています。

❶
$1×1=1$ …… 一一が $\boxed{1}$
$1×2=\boxed{2}$ …… 一二が 2
$1×3=3$ …… 一三が $\boxed{3}$
$1×4=\boxed{4}$ …… 一四が 4
$1×5=5$ …… 一五が $\boxed{5}$
$1×6=\boxed{6}$ …… 一六が 6
$1×7=7$ …… 一七が 7
$1×8=8$ …… 一八が $\boxed{8}$
$1×9=\boxed{9}$ …… 一九が 9

❷ **しき** $1×7=7$ **答え** 7こ

❸ (じゅんに)2、3

考え方 1のだんの九九は、「一三が3」のように、かけられる数の一を「いん」ということにちゅういしましょう。

❷ パンが1この7つ分だから、1×7のかけ算のしきになります。

❸ 2×3のしきは、1つ分の数は2で、その3つ分をもとめる計算です。

56 ⑪ かけ算(2) 56ページ

❶ しき　8×7=56、56+90=146

答え　146円

❷ しき　5×6=30、30−2=28

答え　28こ

❸ ①(じゅんに)2、2、18
②(じゅんに)4、6、18

考え方 ❶ はじめに画用紙のねだんを、8×7=56 のかけ算でもとめます。それとクレヨンのねだんをあわせます。
❷ はじめにあったおかしの数をもとめます。5×6=30 で 30 こ。30 こから、食べた 2 こをひきます。
❸ ①2 つに分けて、あとからたします。
②ないところをあとからひきます。

57 ⑪ かけ算(2) 57ページ

❶ ①7　②9

❷ ①12　②32　③27
④40　⑤21　⑥8
⑦7　⑧56　⑨24
⑩18　⑪48　⑫42

❸ しき　7×3=21、21+3=24

答え　24こ

考え方 ❶ ①7 のだんの九九は、7×1=7、7×2=14 のように、答えが 7 ずつふえていきます。
❸ さらにのっているみかんは、7 この 3 つ分で 7×3=21。あと 3 こをたして、21+3=24 ともとめます。

おうちのかたへ ❸ かけ算を使うと、皿にのっているみかんの数を、7×3=21 で 21 個と、簡単に求められて、便利です。

58 ⑫ 三角形と　四角形 58ページ

❶ ①三　②四

❷ あ□　い△　う□　え×
お×　か×　き×　く□

❸ ア辺　イちょう点

考え方 ❷ えは、きちんとかこまれていないところがあるので、三角形になりません。おは、かこんだ線に直線でないものがあるので、四角形になりません。三角形も四角形も、きちんと直線でかこまれていなければなりません。

59 ⑫ 三角形と　四角形 59ページ

❶ イ

❷ ①い　②か

❸ あ×　い○　う×
え○　お×　か○

考え方 ❷ 三角じょうぎの、いやかのかどの形を直角といいます。
❸ あ〜かは、どれもみな四角形です。その中で、直角が4つあるものが長方形です。直角の数は、あが2つ、いが4つ、うが0、えが4つ、おが1つ、かが4つです。

60 ⑫ 三角形と　四角形 60ページ

❶ 正方形

❷ 長方形　う、か　　正方形　あ、き

考え方 ❶ 正方形がどんな形の四角形かをまとめています。
❷ 長方形と正方形のちがいは、辺の長さがみんな同じかどうかでわかります。あときは、辺の長さがみんな同じで、かどがみんな直角だから正方形です。うとかは、むかいあう 2 つの辺の長さが同じで、かどがみんな直角だから長方形です。いは、むかいあう 2 つの辺の長さがちがいます。かども直角でないものがあります。えとおは、むかいあう 2 つの辺の長さは同じですが、かどが直角ではありません。

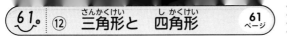

61. ⑫ 三角形と 四角形

（61ページ）

❶ ①直角三角形　②直角三角形

❷ い、え

❸

考え方 ❶ 直角のかどのある三角形を、直角三角形といいます。ここでは、ただ三角形というのではなく、直角三角形と答えましょう。

❸ 正方形がならんでいる紙を方がん紙といいます。方がん紙の1ますは、たてもよこも1cmです。図をかくところは、方がん紙のどこでもかまいません。①〜③がかさならないようにかきましょう。②、③は、図のむきがかわっていてもよいです。

62. ⑫ 三角形と 四角形

（62ページ）

❶ ①

② ⑦ （でも よいです。）

④

③

❷ ① ②

③

考え方 ❶ ① 正方形を2つならべると長方形になります。

② ⑦この長方形をたてに2つならべると正方形になります。

④長い辺をくっつけて上と下にならべると正方形になります。

③上の答えのほかにも、右のようにたてにならべても、直角三角形ができます。

63. かっても まけても！

（63ページ）

❶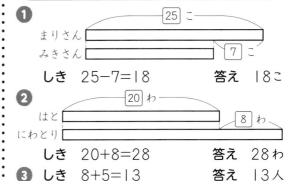

しき　25−7=18　　　答え　18こ

❷

はと・にわとり図

しき　20+8=28　　　答え　28わ

❸ しき　8+5=13　　　答え　13人

考え方 ❶ みきさんはまりさんより7こ少ないから、25−7のひき算でもとめます。

❷ にわとりははとより8わ多いから、20+8のたし算でもとめます。

❸ いぬをすきな人は、ねこをすきな人より5人多いから、8+5のたし算でもとめます。

64. 何番目

（64ページ）

❶ 2人

❷ 5人

❸ 7番目

❹ 8番目

考え方 ❶ かなさんのうしろに8人いますから、かなさんまでで9人です。かなさんの前には、11−9=2で2人です。

前 ○○●○○○○○○○ うしろ
　　　　←8人→

❷
前 ○○○●○○○○○ うしろ
←3人→　←9人→

❸ 左 ○○○○○●○○○ 右
　　　　　　└右から4番目

❹ 左 ○○○○○●○○○○○○ 右
　　　　　└左から6番目

93

65. たし算と ひき算の ひっ算(2) しきと 計算 〔65ページ〕

⭐1 ①72　②63　③130　④122
⑤79　⑥187　⑦184　⑧480
⑨44　⑩71　⑪86　⑫95
⑬49　⑭97　⑮48　⑯606

⭐2 しき　13+(④+⑤)=22
答え　22人

考え方 ⭐1 たし算ではくり上がり、ひき算ではくり下がりにちゅういします。

おうちのかたへ ⭐2 （　）を使った式では、（　）の中を先に計算することに注意しましょう。

66. かけ算(1)／かけ算(2)／三角形と 四角形 〔66ページ〕

⭐1 ①30　②8　③21　④9
⑤16　⑥27　⑦14　⑧48
⑨45　⑩32　⑪42　⑫28

⭐2 しき　6×7=42　　答え　42こ

⭐3 ①ウ　②エ、オ　③ア、イ、ウ

考え方 ⭐2 6こ入りのドーナツが7はこ分あるので、6×7=42ともとめます。
⭐3 ①辺の長さがみんな同じなのは、正方形だけです。②辺とちょう点が3つずつあるのは三角形です。直角三角形も三角形です。

おうちのかたへ ⭐2 式を7×6=42としないようにしましょう。答えは同じになりますが、かけ算の意味が違います。

67. ⑬ かけ算の きまり 〔67ページ〕

❶ ①7　②4　③(じゅんに)3、9
④2　⑤3　⑥1　⑦9

❷ ①4　②5　③9
④7　⑤7　⑥9

考え方 かけ算では、かけられる数とかける数を入れかえても、答えは同じです。また、かける数が1ふえると、答えは、かけられる数だけふえます。

68. ⑬ かけ算の きまり 〔68ページ〕

❶ ①49、81　②10、28
③9、16

❷ ①6　②9　③1　④3

考え方 ❶ ①7×7=49、9×9=81は、答えが1つしかありません。
②2×5=5×2=10、4×7=7×4=28
③1×9=3×3=9×1=9、
2×8=4×4=8×2=16
❷ ①たとえば、2×3=6、4×3=12、答えをたすと6+12=18。これは6のだんの6×3=18と答えが同じになります。

69. ⑬ かけ算の きまり 〔69ページ〕

❶ ⑦3　①30　⑦33　④36

❷ ①⑦14　①28
②⑦22　①24　⑦26　④28
③⑦14　①28

考え方 九九のきまりをつかって、かける数が9より大きいかけ算の答えのもとめ方を考えます。
❶ かけ算では、かける数が1ふえると、答えはかけられる数だけふえるので、❶は答えを3ずつふやしていきます。

70. ⑭ 100cmを こえる 長さ 〔70ページ〕

❶ ①メートル　②100
③(じゅんに)1、10　④長さ

❷ ①(じゅんに)1、40　②(じゅんに)1、28
③(じゅんに)1、6　④1

❸ ①50cm　②1m5cm
③1m40cm　④1m85cm

❹ ①cm　②m

71. ⑭ 100cmを こえる 長さ 〔71ページ〕

❶ (じゅんに)1、70　　答え　1m70cm

❷ しき　1m70cm−60cm=1m10cm
答え　1m10cm

❸ こえる

❹ ①(じゅんに)4、70
②(じゅんに)2、30　③1

94

考え方 ③ 40+50+30=120、
120cm は 1m20cm。

72。 ⑮ 1000を こえる 数 **72ページ**

❶ ①4527　②（じゅんに）5、2、8、1
❷ ①2254　　　　②3809
　 ③1006　　　　④8040
❸ ①千三百二十九　② 二千七百十
　 ③六千六十八　　④ 七千七
❹ 6009

考え方 ❷ ③千六は、千と六だから、
1000 と 6 で 1006 と考えます。

73。 ⑮ 1000を こえる 数 **73ページ**

❶ ①1000　②1500　③43
❷ 56こ
❸ 4200
❹ （じゅんに）6、60
❺ 1100

考え方 ❶ ①100 を 10 こあつめると
1000 です。

74。 ⑮ 1000を こえる 数 **74ページ**

❶ ①（じゅんに）10000、一万
　 ②9999
❷ ① あと 2000　　② あと 800
❸ ① 2000　　　　　　　3000

　 ② 5000　　　　　　　6000

　 ③ 8000　　9000　　10000

❹ ①5810＞4990
　 ②7523＜7689

考え方 ❹ 左のほうが大きいときは＞、右
のほうが大きいときは＜を、つかいます。

75。 ⑯ はこの 形 **75ページ**

❶ ①面　　②辺　　③ちょう点
❷ ①⑦の　はこ（長方形）
　 　⑦の　はこ（正方形）
　 ②6つ
　 ③2つ（ずつ）
❸ ①12
　 ②8つ

考え方 はこの形には、面が6つ、辺が12、
ちょう点が8つあります。
　❷ ① はこの面は、長方形や正方形の形
をしています。⑦のはこの面は、ぜんぶ
長方形です。⑦のはこの面は、ぜんぶ正
方形です。
　❸ はこの形には、辺が12、ちょう点が
8つあります。

76。 ⑯ はこの 形 **76ページ**

❶ ①2つ　　②2つ　　③2つ
❷ ①⑦　　　　　　②6つ
❸ ①⑦4 本（ずつ）　　⑦4 本（ずつ）
　 　⑦4 本（ずつ）
　 ②8こ

考え方 ❶ このはこの形には、同じ形の面
が2つずつあります。
　❷ さいころの形は、どの面も大きさが同
じ正方形で、面は6つあります。
　❸ ひごとねんど玉をつかって、はこの形
をつくるときは、辺にあたるのがひごで、
ちょう点にあたるのがねんど玉です。はこ
の形には、辺が12、ちょう点が8つあり
ます。

77。 ⑰ 分 数 **77ページ**

❶ ⑦二分の一　　⑦ $\frac{1}{2}$　　　⑦四分の一
　 ⑦ $\frac{1}{4}$　　　⑦分数
❷ ①⑦　　　②⑦　　　③⑦
❸ ①9こ　　②6こ

考え方 ② いくつに分けた１つ分かを考えます。⑦はもとの大きさを同じ大きさに８つに分けた１つ分をあらわし、八分の一といいます。$\frac{1}{2}$ の２つ分や、$\frac{1}{4}$ の４つ分、$\frac{1}{8}$ の８つ分はもとの大きさになります。

---

78. | たし算と　ひき算／たし算と　ひき算の　ひっ算／1000を　こえる　数 | **78 ページ**

① ①50　②92　③23
　④71　⑤28　⑥89

② ①69　②119　③123　④562
　⑤2　⑥16　⑦76　⑧68
　⑨48　⑩645　⑪132　⑫153

③ 7000　8000　9000　10000

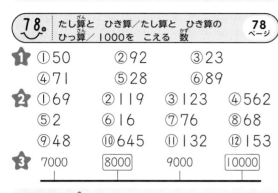

考え方 ① 一のくらい、十のくらいのじゅんに計算します。

② たし算ではくり上がり、ひき算ではくり下がりにきをつけましょう。くり上がった数、くり下がった数をわすれないことがたいせつです。②は、十のくらいにくり上がりのあるたし算です。百のくらいに１くり上がります。③は、一のくらいにも、十のくらいにもくり上がりがあるたし算です。⑤は、十のくらいから一のくらいへ１くり下げます。⑦は、百のくらいから十のくらいへ１くり下げます。

③ 1000ずつ大きくなっています。

おうちのかたへ ② くり上がり、くり下がりのある計算を間違えたら、繰り返し練習して、間違えないようにしましょう。

---

79. かけ算　**79 ページ**

① ①45　②16　③12　④18
　⑤28　⑥35　⑦81　⑧6
　⑨48　⑩56

② ①1×6、2×3、3×2、6×1
　②2×6、3×4、4×3、6×2
　③7×7

---

③ ① しき　5×7=35　　答え　35まい
　② しき　8×7=56　　答え　56まい

考え方 ③ ①5まいの７つ分だから、5×7=35で35まいです。
②8まいの７つ分だから、8×7=56で56まいです。

おうちのかたへ 九九は、どの段でもみんな言えるように、正しく覚えておきましょう。
③は、式をつくるときに注意しましょう。カードの枚数だから、何枚の何人分と考えます。①7×5=35という式では、7人の5つ分となって、35人という答え方になります。

---

80. | 長さ／時こくと　時間／かさ／三角形と　四角形 | **80 ページ**

① ①10　②100
　③15　④245

② ①（じゅんに）7、45
　②⑦2　④20　⑨2000

③ ①⑤　②⑥　③え

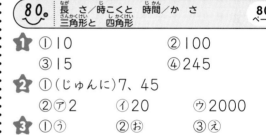

考え方 ② ①長いはりが12を通りすぎて9までもどります。何時のぶ分もかわって、7時になります。時こくは午前8時45分でなく、午前7時45分になります。
②1L=10dL=1000mLです。

おうちのかたへ 長さやかさは、単位の間の関係をしっかり覚えることが大切です。
　1cm=10mm、1m=100cm、
　1L=10dL、1dL=100mL
であることを身につけさせましょう。
③ 正方形は、角がみんな直角で、辺の長さがみんな同じ四角形です。
長方形は、角がみんな直角になっている四角形です。直角三角形は、１つの角が直角になっている三角形です。図形を構成する要素に着目し、図形の違いをしっかり理解させましょう。
